造一座小花园

阳台、小庭院植物配置与营建指南

[日]山元和实◎主编

张春辉◎译

 化学工业出版社

·北京·

北京市版权局著作权合同登记号：01-2022-0155

图书在版编目（CIP）数据

造一座小花园：阳台、小庭院植物配置与营建指南 / （日）山元和实主编；张春辉译. --北京：化学工业出版社，2022.6
ISBN 978-7-122-41035-1

I.①造…　II.①山…　②张…　III.①观赏园艺
IV.①S68

中国版本图书馆CIP数据核字（2022）第046552号

责任编辑：刘晓婷　　　　　　　　　　　　装帧设计：对白设计
责任校对：赵懿桐

出版发行：化学工业出版社（北京市东城区青年湖南街13号　邮政编码100011）
印　　装：北京宝隆世纪印刷有限公司
880mm×1092mm　1/16　印张 8　字数200千字　2022年5月北京第1版第1次印刷

购书咨询：010-64518888　　　　　　　　　售后服务：010-64518899
网　　址：http://www.cip.com.cn
凡购买本书，如有缺损质量问题，本社销售中心负责调换。

定　　价：78.00元　　　　　　　　　　　　版权所有　违者必究

CONTENTS
目录

COLUMN
专栏

PART 3
小空间花园的点睛之笔
——组合盆栽

PART 4
小空间花园的灵感创意案例

在小空间里倾注心思

　　植物的陪伴能够治愈心灵，植物向人们传递出满满的正能量。

　　只要挑选好合适的植物，并稍稍掌握一些种植技巧，不用花费太多精力，停车场一侧、小花坛、阳台等，哪怕是小小的一隅都可以打造出季节感满满、一年四季都很美的小花园。

　　从今天开始，尝试着打造一个属于自己的，能够滋养心灵的"秘密小花园"吧！

花园设计师

山元和实

楼梯下的小空间

在楼梯下方的小空间里种满植物，打造迷你花园。用大型宿根植物遮挡视线，用花色明亮的可爱草花点缀这个容易被人忽略的角落。→46页

哪些家居角落
可以变身
小花园

入户门

入户门等没有泥土的角落，可以用盆栽植物搭配花园杂货来装点。关键是要立体化运用空间。→84页

半阴区花坛

位于建筑物背阴面，日照不足但有一定高度的花坛，适合栽种一些半阴环境下开花性较好的植物，并结合高大的彩叶植物打造立体花园。→110页

花园"边角"

用木栅栏或者水泥墙围起的"边角"也不能放弃。试着栽种一些耐阴的观叶植物，并搭配花园杂货来装点这个小角落。→ 108页

房屋和停车场之间的狭长区域

房屋和停车场之间会有一条狭长的裸土区域，可以用低矮的小灌木、观叶植物和应季草花的组合来打造美丽的小花园景致。→33页

将阳台打造成小庭院

阳台上装饰着一排红砖，空调外机的遮挡物也做成栅栏的样子，充分打造出"庭院"氛围。→56页

窄阳台、阳台一角

这是一个宽度只有95cm的超窄阳台，放置了季节感满满的组合盆栽，并搭配花园杂货。从房间向外看去如同立体画一般，你也来尝试做一下吧！→68页

PART 1

小庭院花园的
打造方法

每个房子周围应该都会有一些可以打
造成小花园的空间，比如房屋和停车
场之间的空隙、围墙旁边的空地等。
本章将详细介绍把狭窄的空间打造成
欣欣向荣的小花园的诀窍。

停车场边的花坛。左右两侧为骨架植物，右侧的灌木是四季常绿的日本四照花和小木槿，左侧的灌木是女贞和山月桂。中间是从冬天开始便持续不断开花的三色堇，以及春天竞相开放的郁金香。

四步打造小庭院花园

STEP 1 确认空间条件，选择适合栽种的植物

打造小庭院花园时经常会遇到一些不利因素，比如因房屋本身、围墙、大型乔木、停车等造成的背阴环境。因此首先需要确认小庭院的基本造园条件，比如每天能有多长的光照时间，是否能确保良好的通风等。在此基础上选择适合的植物。如果是光照较少的空间，就要选择适合半日照环境生长，甚至耐阴的植物。

STEP 2 考虑增设花园小径、花架等结构

设计庭院花园时，根据实际空间环境考虑增设花园小径、花架等结构。

花园小径能强调出远近关系，提升花园的纵深感，让空间显得比实际更大。另外，在栅栏和房屋之间的区域或花坛里铺设步汀小径能提升便利性，使植物养护更轻松。如果想要营造出小空间的立体感，建议使用拱形花架。将月季、铁线莲、金银花等藤本植物牵引到花架上，演绎出繁花似锦的效果。

STEP 3 增加骨架植物，提升花园的空间立体感

很多人认为"在小空间内栽种树木会使空间显得更局促"。实际恰恰相反。木本植物可以拉升视线，使空间变得更加立体，整体空间会显得更加宽阔。

大型的宿根植物也能赋予花园空间开合有度的效果。因此首先要确定好框架植物——中低灌木或大型宿根植物，以此为基调做花园设计就容易了。

STEP 4 将花期较长、体现季节感的观花植物与观叶植物组合使用

想要打造一个花开不断的花园首先要区分清楚以下三类植物。①花期较长的植物，如三色堇、矮牵牛等花期将近半年。②体现季节感的植物，如郁金香、葡萄风信子等能演绎出强烈的季节感。③观叶植物，比如能承接花期，在开花较少的季节依然可以保持花园魅力的彩叶植物。一个四季有景的花园应该包含以上三类植物。此外，要将花穗细长、有高度的植物和低矮的地被植物组合栽种，体现花园的层次感。尤其在狭长的空间内，后方背景需栽种较高的植物，前景则栽种低矮的植物，以此来打造丰富的立体空间。

小花园的植物构成

骨架植物

中低灌木
常绿灌木在冬季也能欣赏到绿叶，反之落叶灌木能演绎出季节感。推荐大家选择既能赏花又能观果的灌木品种。

加拿大唐棣

'安娜贝尔'绣球

大型宿根植物
十分具有存在感的大型宿根植物能使花园更紧凑，不同的叶色也能为花园增色添彩。

新西兰麻

大戟

观花植物

花期较长的植物
花园内必不可少的是开花性好，能持续开花近半年的一年生草花。

矮牵牛

三色堇

体现季节感的植物
种植一些花期虽短，但季节感强的植物，能打造出令人印象深刻的花园，这类植物占比以30%为宜。

波斯菊

郁金香

观叶植物

彩叶植物
彩叶植物不仅能衬托开花植物，也能在花少的季节为花园增色。

矾根

小花悬钩子

地被植物
小路两旁、花境前等需要栽种地被植物覆盖地面，营造自然的氛围。

金叶过路黄

薄雪万年草

从零开始打造小径花坛

亮点是小径和拱形花架

这个案例是在靠墙的一角用红砖围成的小花坛。两条直角边分别长2.6m和3.1m，花坛边缘为竖起的红砖，围合成自然的弧形。

如果将花坛全部种满，就会无从下脚，后续的养护也很麻烦。铺设一条弯曲的步汀小径，花坛的养护就容易多了。铺设小径后，突出了植物的远近关系，景观效果也更为生动。另外，植物栽种时与小径曲线融合，可以营造出自然的效果。

再在小径的上方架一个拱形花架，突出空间的立体感，营造更为华丽的氛围。和通往家门口的小路不同，人们不会经常在这里穿行，因此考虑与花坛大小的平衡，选择了高度比人身高稍矮一些的小型花架。

晚秋到冬季是打造花园的最佳时机

虽说随时都可以打造花坛，但若是从零开始，推荐在晚秋到冬季种植比较不容易失败。因为相比气温较高的时期，秋冬季栽种植物不容易失水，栽种后的管理也会轻松很多，并且宿根植物的小苗在此期间种植更有助于它在冬季发根。对于花期在来年春天到秋天的宿根植物，秋季提前栽种能使植物长得更加健壮。

有霜冻的地区要提前栽种，保证在霜冻前植物已经发根。因此要结合当地的气候来决定花坛的种植时期。

改造前

2.6m　　3.1m

改造后

4月

三色堇已成株，开始接连开花。打造花坛时就埋下的郁金香种球，此刻也在为春天锦上添花。

5月

拔掉三色堇以后补种了花期从夏到秋的一年生矮牵牛，金盏花已含苞待放，'黎明'藤本月季进入盛花期。

11~12月

改造园土

铺设花园小径之前要先进行园土改造。充分翻土、松土，挑出小石子，然后根据园土的状态混入适量的腐叶土、腐熟有机肥、赤玉土等。

所需材料

腐叶土
将树木、树叶分解加工成土壤介质，能提高园土的透气性、保水性和保肥性。

腐熟有机肥
通过微生物将有机物充分分解后制成的肥料，提供植物生长所需的养分。

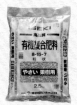
赤玉土（中粒）
颗粒状土壤，粒粒分明，能提升园土的透气性。

1 在翻耕好的园土中加入适量腐叶土后的状态。

2 撒上一层腐熟有机肥，至少覆盖整个土面。

3 撒上适量的赤玉土，提升土壤的保水性和透气性。

4 用铲子将有机肥和赤玉土搅拌均匀。

5 最后平整园土表面。

铺设小径

将各种形状的步汀石或地砖拼接在一起，不用水泥灰浆
也能轻松打造花园小径。如下图所示，利用拼接式地砖，
轻松打造蜿蜒小径！

所需材料

拼接式地砖
用混凝土基材加工成
陶土风的地砖，地砖
之间以尼龙网连接，
因此还可以根据实际
需要剪裁拼贴。

地砖（扇形）
地砖常见形状，
用混凝土基材加
工成陶土风格。

地砖（方形）
有各种规格尺寸，可根据
实际需求选购。

陶土碎石
多用途基材，用于花
园小径的围边装饰。

填缝陶粒（小碎石）
用于地砖的填缝装饰。

1 在雨水井周围环绕铺贴拼接式地砖。

2 用四块扇形地砖盖住雨水井盖。

3 拼接式地砖交错排列，形成花园小径。

4 蜿蜒的花园小径基本成形。

5 将拼接式地砖剪开。

6 小径两端利用步骤5剪开的地砖
和方形地砖收边，铺贴完整。

7 用填缝陶粒装饰地砖之间的缝隙。

8 在每一片拼接式地砖空隙间种上薄雪万年草。

9 在小径和环形地砖边缘铺上陶土碎石。

10 适当挖掉一些泥土，将方形地砖嵌入泥土中铺出一条边路。

11 边路铺贴时不需要很整齐，稍许交错更为自然美观。

横跨小径安装拱形花架。呼应花架的颜色安放两把铁艺装饰椅。

花园小径
打造完成

种植植物

最好先绘制花园种植图，事先规划好要种什么、种在哪里。
想让植株开花不断、茁壮成长，就需要在栽种时施足底肥。
尤其月季是非常"吃肥"的植物，必须给予更多的营养。

 所需材料

月季专用
营养土

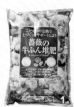

月季专用底肥
栽种月季时，在挖好的坑内倒入月季专用营养土和月季专用底肥（参考37页）。

通用底肥
能长期释放肥力的基础底肥，栽种植物时使用。

腐叶土（加拿大唐棣用）

1 先将矮灌木和大型宿根植物等骨架植物连盆放置在花坛内，高低错落组合好之后再决定栽种的位置。

2 将其他植物也连盆摆放，一一决定好栽种位置。

3 栽种加拿大唐棣时，先挖一个比盆更大的坑，在坑里加入混合了通用底肥的腐叶土。

4 将加拿大唐棣从盆里取出，如果根系盘满了土壤表面，可以用剪刀将根系下部轻轻剪开，抖落一些旧土后栽种。

5 栽种三色堇等草花的幼苗时，要先在种植穴内撒上一小把通用底肥。

6 埋种郁金香种球时，注意要将芽点朝上摆放，间隔1~2球的距离栽种，深度为2球左右为宜。

植物种植完成

植物清单

骨架植物

1 加拿大唐棣
2 锦叶八角金盘
3 '黎明'藤本月季
4 金姬小蜡
5 新西兰麻
6 迷迭香（棒棒糖形）
7 '醒目'薰衣草
8 地中海荚蒾

④   ⑥

8

宿根植物

1 黄唐松草
2 垂花鼠尾草
3 天蓝鼠尾草
4 '樱桃白兰地'金光菊
5 '金色妖精'重瓣耧斗菜
6 铁筷子
7 西洋耧斗菜
8 柔毛羽衣草
9 扁叶刺芹
10 毛蕊花
11 柳薄荷
12 葡匐风铃草
13 银叶矢车菊
14 艾菊
15 '蓝色阴影'长尾婆婆纳
16 细长马鞭草
17 鼠尾草
18 猫薄荷
19 蛇鞭菊
20 雏菊
21 '雪堆'大滨菊

6

地被植物

1 '高原奶油'斑叶百里香
2 薄雪万年草
3 加勒比飞蓬菊
4 '胡桃'花叶筋骨草
5 '牛津蓝'婆婆纳
6 '寒夜'花叶香雪球
7 '黄金亚历山大'野草莓
8 果香菊
9 姬岩垂草

观叶或赏花穗植物

1 矮蒲苇
2 '维多利亚女王'红花半边莲
3 兔尾草
4 '火狐狸'棕红薹草
5 花叶薹草
6 '曲铜'缨穗薹草
7 蓝羊茅
8 '雪片'矾根
9 粉黛乱子草
10 紫叶车前草

11 '金色彩虹'大戟
12 续随子
13 玉簪
14 '蓝色爱神'画眉草
15 凌风草
16 绵毛水苏
17 蓝麦草
18 针茅

一二年生草花

1 金盏花
2 野胡萝卜
3 '桃之梦'蜀葵
4 '杏子'毛地黄
5 黑种草
6 琉璃草
7 蓝花车叶草
8 角堇
9 三色堇
10 彩苞鼠尾草

球根植物

郁金香

1 '布朗尼'   4 '红糖'
2 '杏丽'   5 '橙公主'
3 '夜皇后'   6 '惊奇鹦鹉'

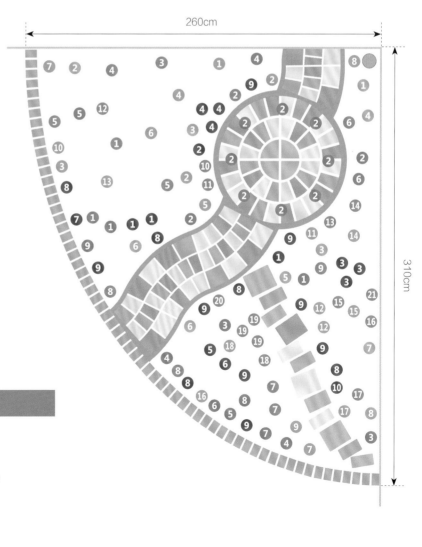

3月~5月上旬

冬季也能让人赏心悦目的三色堇、角堇、金盏花随着气温不断升高，开得越加繁茂。到了3月下旬，早花郁金香也开始绽放。

左：株高较高的'夜皇后'郁金香在花坛中尤为吸睛。

下：小雏菊、水色角堇和黄色三色堇的组合显得春意盎然。

上：'布朗尼'重瓣郁金香、橙色的三色堇、花叶大戟、新西兰麻打造一隅同色系的小花境。

右：暖色系的皱边三色堇和'牛津蓝'婆婆纳相映成趣。

让我们把目光转向衬托着繁花的彩叶植物。上图右下角的蓝色系观赏草是蓝麦草，它的左边是'胡桃'花叶筋骨草，中间是叶子为黄绿色的'黄金亚历山大'野草莓。

从冬季就陆续开花的草花和春季的开花植物竞相绽放

'牛津蓝'婆婆纳

从上一年秋天开始持续绽放的金盏菊，以及从春天能开到初夏的西洋楼斗菜。

郁金香初开

'布朗尼'

'惊奇鹦鹉'

'杏丽'

'夜皇后'

'杏丽'初开时是粉红色的。

一进入5月，月季进入盛花期。拔掉角堇、三色堇以后补种上矮牵牛。前一年秋天种下的宿根植物也茁壮成长，开始陆续开花了。

5月中旬~7月

彩苞鼠尾草、西洋耧斗菜等初夏开花的植物开始进入盛花期。开着淡紫色可爱小花的蓝花车叶草和像小兔子尾巴一般毛茸茸的兔尾草也进入了成熟期，开始向外扩散。拔掉一二年生的角堇、三色堇等，补种上能从初夏开到秋季的草花品种。

'黎明（Aube）'藤本月季从初开到完全盛开会呈现出迷人的色彩变化。"Aube"在法语里是黎明的意思，浓郁的香气也让这款月季更具魅力。

点亮初夏花园
的草花

新栽种的植物

矮牵牛

'黄色幻想'四脉菊

花叶山桃草

三色鸟眼花

南非避日花

高大的西洋耧斗菜尤其抢眼。
小型植物以及黑种草纤细的叶片等都是很棒的配角。

前一年栽种的植物

西洋耧斗菜

'非洲新娘'黑种草

兔尾草

蓝麦草

续随子

19

自带清凉感的植物

欣赏花穗的植物

蓝花车叶草

'蓝星星'黑种草

'绿色精灵'黑种草

'杏子'毛地黄

月季花期即将结束时，也是大型宿根植物快速生长、开花的时候。

柳薄荷

毛蕊花

极具存在感的植物

野胡萝卜

加拿大唐棣

彩苞鼠尾草

银叶矢车菊

专栏1

铺设花园小径

利用拼接式铺面石材，即用尼龙网或绳子连接在一起的各种形状的地砖，可以轻松打造花园小径或节点。有陶土、混凝土等各种材质，用途也是多种多样。

由细长的小砖组成的拼接地砖，可以用于铺设小路。

由小方砖组成的拼接地砖。可以用在进门处、中庭或者露台。

用拼接式地砖轻松打造蜿蜒小径。

由扇形仿石材地砖制作的半圆形，并用骰子石块镶边。

混凝土材质的地砖具有微妙的色差。

四季有花的狭长门前小花园

11月~来年3月

打造深红色的花园，温暖寒冷的季节

除了种植紫罗兰、三色堇、仙客来等花期超长的品种外，搭配能体现深秋季节感的红棕色植物。

平面图

```
        房屋
  ⑤                    ② ①
75cm ⑥           ④      ③
        ←——— 480cm ———→
```

用作骨架植物的中低灌木和大型宿根植物

❶ 四照花　　❷ 小木槿
❸ 新西兰麻　❹ 白毛喜沙木
❺ '柠檬黄' 卵叶女贞
❻ 山月桂

使花园更具立体感的小心思

　　房屋和停车场之间有一条宽约75cm的狭长的种植区。原本两端已经种植了四照花、'柠檬黄'卵叶女贞、山月桂等灌木，但仅仅只有这些树木，花园中间看上去就像凹进去一样。因此，在凹陷区域栽种白毛喜沙木，来调节花园整体的平衡感。另外，为了使花园更富立体感，靠墙一侧可以适当增加土量，抬高里面的植物。

考虑色彩搭配，轮番栽种各种开花植物

　　每当经过房子时都可以看到这片小花园，轮番栽种各种开花植物，一年四季便能花开不断。选择植物时，可以以季节为主题决定花园色系。11月~来年3月是由浅变深、由粉色过渡到深红色。4~5月主打鲜亮的橙色和白色，让人感受到春意盎然。初夏时节是活力跳脱的红色以及自带清凉感的水色和紫色。秋天则以淡淡的橙色和黄色为主。此外，在不破坏整体色彩氛围的前提下，可以适当加入其他花色。

4月

橙色和白色的郁金香演绎出烂漫春光

前一年秋天开放至今的三色堇、角堇、金盏花、香雪球和春天开放的郁金香等花儿们开得正旺。

5~7月

高大的宿根植物让人感受到初夏的生命力

极具存在感的松果菊、有着细长花穗的藿香，以及毛地黄等充满生命力的花儿们相继怒放。

9~10月　**深红色的'黑蝶'大丽花成为花园的焦点**

夏花从夏季开到秋季，从稀疏到繁茂，和秋花竞相绽放。大丽花存在感强烈，尤为引人注目。

11月~来年3月

以红色、粉色、白色为基调的花园，会让人联想到圣诞节和新年。四照花的叶色浓绿，可在其周围多栽种一些深红色的开花植物。

当季主要任务

种植花期为秋天至来年春天的一年生草花

为避免冬季过于寂寥，种上花期持久，能从秋天开到来年春天的草花。

种植花期为春天至初夏的球宿根植物

在晚秋时节，埋下来年春天开放的郁金香等球根植物，种下花期为春天到初夏的宿根植物。

主要植物

❶ 长阶花　❷ 紫罗兰
❸ 千日小坊
❹ 荆芥叶新风轮菜
❺ '棕红'金鱼草　❻ 小菊花
❼ 羽衣甘蓝　❽ 仙客来　❾ 角堇
❿ 花叶香雪球　⓫ 蓝羊茅

将同色系但不同花型的草花组合栽种
为了使花园呈现丰富多彩的渐变效果，将不同深浅的粉色、不同花型的草花组合混栽。

花期较长的植物　多栽种一些能从秋天开到来年春天的植物，让冬天的花园也能繁花似锦。

金盏花

三色堇

紫罗兰

彩叶植物的栽种要点

与开花植物相互衬托

    将彩叶植物栽种在开花植物中间，叶色和花色互相衬托，能优化花园的色彩与造型。如果只种植开花植物，容易显得拥挤杂乱，适当穿插彩叶植物，可使整个空间更松弛自然。

相邻种植的彩叶植物叶色和叶形要有变化

    彩叶植物色彩丰富，能起到不同的作用。紫红色、琥珀色的"铜叶"植物具有收敛效果，"金叶"植物能提亮空间，黄白相间的花叶或覆轮叶能点亮花园景致，此外经常用到的还有"银叶"、蓝绿色的彩叶植物。

    实际栽种时，除了考虑旁边开花植物的花色以外，也要注意相邻栽种的彩叶植物的叶色和叶形要有变化，可参考下图。另外，图片上方是靠墙的一侧，种植了一些来年春天开花，并且能开到初夏的植株较高的宿根花卉。

彩叶植物
- ❶ 花叶长阶花
- ❷ 千日小坊
- ❸ 筋骨草
- ❹ '金色彩虹'大戟
- ❺ '寒夜'花叶香雪球
- ❻ '胡桃'花叶筋骨草
- ❼ '魔法龙'花叶桃金娘

花期为来年春天至初夏的
植株较高的宿根花卉
- ❽ '樱草色的旋转木马'毛地黄
- ❾ 蜀葵
- ❿ '杏子'毛地黄

适合阴暗角落栽种的亮色植物

琥珀色的矾根点亮了四照花树下的空间，矾根叶子还泛着微微的金属光泽。

大戟顶着朵朵黄色的小花，和橙色、白色的郁金香十分和谐。

上图为花园的俯视图，可参考植物的搭配方法。

4月~5月上旬

葡萄风信子、洋水仙等球根植物相继绽放。等到郁金香开放之际更是一幅春意盎然的景象。花叶香雪球花团锦簇，溢出花坛，各色三色堇依旧开得热闹非凡。

种植花期持久，能从初夏开到秋季的一年生草花

进入5月，三色堇的花期即将结束。拔掉三色堇后添加新园土和底肥，重新栽种一些花期在初夏到秋季的一年生草花，如矮牵牛等。

不同花期的郁金香轮番开放

郁金香根据花期不同，可分为早花、中花和晚花品种。了解清楚花期后再种植，从3月下旬到5月上旬就会一直有花可赏。

由‘黄金时代’郁金香和‘白色芭蕾’郁金香打造的一角。

‘夜皇后’郁金香

盛开的小木瑾

小木瑾能够从5月开到秋季，如果长得过于杂乱可以进行修剪，哪怕直接剪到基部也没有关系。

进入5月，正值灌木山月桂盛开，靠墙的宿根植物也开始进入花期。

5月中旬~8月

前一年种下的各类鼠尾草、毛地黄等大型宿根植物尽情生长，抽出了花穗。金光菊和松果菊也开始绽放。鲜艳的花儿们宣告了夏天的到来。

当季主要任务

回剪生长过旺的宿根植物

梅雨季前要将生长过旺的宿根植物适度回剪，改善植株间的通风情况。如果要补种夏秋开花的植物，梅雨季结束前是最合适不过的。

充满夏日季节感的植物

天人菊		石竹
'中锋'矮牵牛	毛地黄	千日红
'焦糖布丁'福禄考	藿香	樱桃鼠尾草

利用株高和花型的差异，打造立体感十足的花园

惹人注目的大花球、细长飘逸的花穗、细密的小碎花，将各种株高和花型的植物巧妙搭配，打造立体感十足的小花园。

主要植物

❶ 天人菊
❷ '棕红'金鱼草
❸ '焦糖布丁'福禄考
❹ 天人菊
❺ 飞鸽蓝盆花
❻ '中锋'矮牵牛
❼ '夏日莎莎'松果菊
❽ 意大利腊菊
❾ '粉色条纹'美女樱
❿ 超级美女樱（蓝色）
⓫ '莓果金丝雀'毛地黄
⓬ '雪顶针'毛地黄
⓭ 蓝羊茅
⓮ 长阶花

飘逸的穗状植物

到了6月，蓝羊茅等观赏草开始抽穗，随风摇曳，带来一丝清凉感。穗状花朵和紫色花朵给人清爽利落的观感。

'夏日莎莎'松果菊和
'杏蜜'藿香

紫色系的福禄考和
'中锋'矮牵牛

注意色彩的和谐搭配

无论是同色系搭配还是对比色搭配，都应与相邻的植物互相衬托、相辅相成。

'杏蜜'藿香和长阶花

9~11月

花园已经开始有了秋意，夏花和秋花一并开着。花朵由淡淡的黄色逐渐过渡到深红色，观赏草细长的叶片和花穗与秋天的阳光很搭。

当季主要任务

补种秋季开花的植物

减轻夏花的比重，种植鸡冠花、青葙、'黑蝶'大丽花等植物的小苗。

修剪初夏开花的植物

鼠尾草等初夏开花植物株型已经凌乱，可以适当进行回剪。香雪球等可以回剪到根部，来年会发出新芽。

存在感十足的大丽花勾勒出秋天的景致

人气品种'黑蝶'大丽花足以担当起秋天花园的主角，株高达1m，花朵直径足有20cm，红丝绒质感的花朵极具存在感。无霜冻地区栽种后几乎不用打理，来年6月左右便可开花。

通过色彩平衡突显秋天的景致

从夏季开放至秋季的繁星花、百日菊等和后续栽种的黄色系、红色系的开花植物搭配和谐。搭配好紫色、淡粉色、黄色、红色等各种花色的比例，并通过种植数量实现理想的秋日景观。

穗状开花植物演绎出浓浓秋意

蓝羊茅、'天空火箭'狼尾草、粉黛乱子草等禾本科植物开始抽穗，酝酿出秋天的气息。

秋季花园的主要植物

重瓣翠菊

青葙

'黑蝶'大丽花

千日小坊

矮生醉鱼草

黄色、橙色的花

粉色、紫红色的花

巧克力波斯菊

天人菊

藿香

'热门黄色'鸡冠花

'金色金字塔'向日葵

蓝色、紫色的花或彩叶植物

天蓝鼠尾草

宿根鼠尾草

'红宝石'紫叶狼尾草

'黑珍珠'观赏辣椒

'穿越火线'鸡冠花

'热门皇冠'鸡冠花

小花园的空间

寻找房子周围适合打造

不要放弃任何一个角落

用心在房屋周围找一找，一定能找到多处可以打造成小花园的空间。例如围墙和房子之间的走道，停车场和房子之间的狭长空隙。即使面积非常小，只要下功夫也能打造成欣欣向荣的小花园。

如果只是用花草随意填满这些不起眼的小空间，就会显得杂乱无章，缺少整体风格。其实稍微用一些心思便能营造出有魅力、有风格的景致，比如增加视觉亮点，借助花园杂货等。

选择适合环境的植物

房屋边上常有一些光照不足，通风较差的空间。仔细观察，并选择适合环境的植物。

将植物牵引到栅栏或者木质围墙上，营造出自然的氛围。将有限的空间立体化灵活应用，哪怕无土空间也可以绿意盎然。

这些小空间也能打造小花园

空间 **A**

停车场和房子之间狭长的区域

宽度仅27cm的狭长区域，覆土面积很少种不了太多植物，但只要愿意花心思也能让这里看上去郁郁葱葱。

空间 **B**

房子和栅栏之间的小路

房子和栅栏之间的这个空间是从家里去后院的一条小路。从马路上也能看到这个区域，因此要多花点功夫让这里的景致看上去丰富一些。

空间 **D**

入户一旁的栅栏

通向入户门的小路一侧有一排栅栏。这里几乎是一块无土空间，活用立体空间可以增加绿植的面积。

空间 **C**

阳台下的半阴空间

阳台下的这块区域目前栽种着一些适合半日照的植物。这里非常显眼，因此要改造得更有花园氛围。

[平面图]

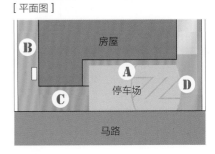

11月~来年2月

利用花期较长的花草增色，避免晚秋到冬天的景致过于寂寥。
只需修剪残花，不用费太多精力就能一直赏花到晚春时节。

从停车场看过去的景致。停车场水泥地缝隙里种着各种万年草。

空间
A

狭长空间也能郁郁葱葱

这里是房屋墙边一条极其狭长的空间。由于宽度过窄，园土极少，如果只种植一排低矮的草花，会显得景致平平，没有张力。在中间种植分枝性极佳的迷迭香，并装饰欧式小栅栏，打造出一个视觉亮点。左边的角落种植一棵白千层，遮挡雨水管道。

房屋墙壁本身的颜色就很有个性，考虑到与背景色彩的协调性，开花植物的花色要以淡色为主。使用三色堇、龙面花、仙客来、铁筷子等为冬日增色。

紫罗兰、龙面花、三色堇等粉色系及紫色系的草花。

[平面图：空间A]

```
        540cm
 ①    ②       ③        27cm
          120cm
```

① 白千层
② 花叶桃金娘
③ 直立迷迭香

骨架植物

白千层　　　　花叶桃金娘

花期较长的植物

三色堇　　　　仙客来

紫罗兰　　　龙面花　　'可爱'迷你欧报春

3~4月

三色堇即使在狭小的空间内也能长得很好。考虑到墙壁的颜色，郁金香选择了粉色和白色的品种。

郁金香绽放以后，为这个角落增添了一抹春色。

随着三色堇、角堇的盛放，春意愈加浓郁。

铁筷子的花色和小花悬钩子黄绿的叶色相得益彰。

郁金香的花色和其他植物互相衬托

铜叶桃金娘和玫红色的郁金香。

白绿色的郁金香和叶色为黄绿色的小花悬钩子。

粉色系的角堇和郁金香。

前一年晚秋种下的蕾丝花已进入盛花期。小花悬钩子也长势茂盛。玛格丽特、矮牵牛则是春天新种植的。

初夏开花植物

矮牵牛

'切尔西小姐'
玛格丽特

'天使的歌声'虞美人

'黑爵士'石竹

'重瓣玫红'玛格丽特

5~6月

铁筷子两侧的植物在色彩选择上很克制，以白色的和金叶的为主，营造简洁清新的氛围。迷迭香舒枝展叶，慢慢呈现出初夏的风貌。

白色的'洁雪'毛地黄和粉色的'黄金贝格'毛地黄。

迷你蔷薇

彩苞鼠尾草

前一年晚秋种下的彩苞鼠尾草、毛地黄等植物生长旺盛，小花园的景致日益丰盈。

改造房子和栅栏之间的通道

煞风景的小路，雨水井盖也十分碍眼。

改造前

房子和栅栏之间是一条宽120cm，连通前院和后院的通道，现在看上去很煞风景。改造时首先要保证这里作为过道的功能，用拼接式地砖铺设一条小路。地砖乍一看像是石头，实际上是水泥加工仿制石头的。有些许微妙的色差，显得朴实自然。

同时也要兼顾美观，在栅栏上牵引藤本月季，到了花季既能赏花，又能嗅到阵阵香气。步道四周种植多种地被植物，打造一条充满绿意，富有自然野趣的小路。

改造后

步汀小路、藤本月季和地被植物让这里焕然一新。相信几年后等月季长成，这里的风景将更加动人。

种植藤本月季

11月下旬到来年1月是栽种藤本月季的最佳时期。这次种植的是
'维多利亚女王'古典月季和'索伯依'藤本月季。
最好选择大苗，来年春天就能开花。

1 将月季连盆放在地上，先确定种植
位置。

2 挖一个约50cm×50cm的种植穴，倒
入1/3月季专用营养土。

3 在营养土中混入适量月季专用底肥。

4 花苗脱盆以后，将盆底的根系稍稍抓
松一些。

5 栽种花苗，在其四周围一圈小堤坝，
并在里面浇满水。水渗下去以后再浇
一遍。

3月的样子

叶子有力地舒展着，小花芽也冒了出来。

藤本月季基本的牵引方法

藤本月季基本的牵引方法是将
枝条尽可能地水平牵引。枝条
横向拉伸之后，营养能被均匀
地输送到各个芽点，促使月季
更多开花。

铺设花园小径

用拼接式地砖来铺设花园小径。
铺设时适当空开一些距离，制造节奏感，同时突出远近关系。
在地砖下面铺一层河沙能增加稳定性，不易产生移位。

所需材料

拼接式地砖

扇形地砖

河沙

1 将地砖粗略排列，边检查整体的平衡，边调整位置。

2 挖掉3~4cm土后倒入河沙，用花铲整平。

3 在河沙上铺设地砖，并用平衡器和木槌来调整水平，统一铺设高度。

4 用木槌的手柄可以很方便地微调高度。地砖高出河沙2~3cm比较合适。

5 砖缝里要填入河沙，多余的河沙用刷子扫除即可。

种植地被植物

在地砖周围种上地被植物，使小径的景色更自然丰富。
关键是选择不同品种的地被植物，显得生动且富有变化。
具体植物品种将在40页介绍。

1 先将植物连盆放在地上，根据整体的
平衡进行调整。

2 种好以后的样子。地被
植物蔓延性较好，因此要
适当预留空间。

雨水井盖用四块扇形
地砖遮盖。

小径上种植的地被植物

选用的地被植物品种都非常强健，蔓延性和开花性良好。

'斑叶柠檬'百可花

玄参科 / 多年生草本植物 / 花期4~11月

铺地百里香

唇形科 / 多年生草本植物 / 花期5~9月

铙钹花

玄参科 / 多年生草本植物 / 花期3~11月

车轴草

豆科 / 多年生草本植物 / 花期4~6月

铜锤玉带草

桔梗科 / 多年生草本植物 / 花期4~6月、9~11月

地椒

唇形科 / 常绿矮生草本植物 / 花期4~6月

'金井'婆婆纳

车前草科 / 宿根植物 / 花期4~10月

'紫色连衣裙'铙钹花

玄参科 / 多年生草本植物 / 花期4~10月

加勒比飞蓬

菊科 / 宿根植物 / 花期4~11月

草原车轴草

豆科 / 一年生草本植物 / 花期3~7月

浅色的小路和温柔的月季花相呼应。路边的地被植物也开始蔓延伸展了。

5月

月季开始绽放，
小路氤氲着阵阵香气。
圆圆的花球煞是可爱，
'维多利亚女王'散发出大马士革玫瑰
的香气。
优雅盛开的奶油色'索伯依'
具有清新的茶香味。
'索伯依'是在半日照环境下也能开得
很好的品种。

'维多利亚女王'月季

'索伯依'月季

※注意植物不要长到隔壁邻居家。

改造后 种植一棵光蜡树作为骨架植物，再配合栽种宿根植物和彩叶植物。

改造前 改造前的样子。

扮靓阳台下的半日照空间

阳台下的两根柱子和横梁恰好打造出立体镜框般的效果。靠里面有一扇窗户，白色的窗框很漂亮。

种植一棵标志性的树木，既奠定了小花园的基调，又打造出立体感。这里选择了一棵株型直立的光蜡树（从基部萌发数根笔直的枝干）。光蜡树的叶片光洁浓绿，在砖色背景墙的映衬下，令人印象深刻。

因为这里属于半日照空间，所以组合栽种了耐阴的彩叶植物以及半日照环境下也能很好开花的植物。大型宿根植物虾膜花、叶片较大的玉簪等让空间生动活泼。如果要用彩叶植物的叶片演绎出丰富、戏剧性的效果，需要选择叶色、叶形变化较大，对比较明显的植物。

适合半日照的彩叶植物

❶ 玉簪
❷ 花叶麦冬
❸ '桃红'矾根
❹ '焦糖'矾根
❺ 金叶多花素馨
❻ 花叶铁筷子（原生种）
❼ 花叶薹草

种植光蜡树

所需材料

腐叶土

黑土

1 挖一个大小为树苗土球1.5倍的种植穴，倒入适量腐叶土和黑土。

2 将麻布包裹根部的树苗直接放入种植穴，不要种得太深，根颈和土面持平即可。

3 填土以后围一圈小堤坝，在里面浇足水。

4 水渗透之后覆土，轻轻踩实，表面盖一层腐叶土以后再浇一次水。树苗生根之前在根部做支撑会更保险。

'猩红'钓钟柳、耧斗菜等都是能在半日照环境下生长得很好的品种。

虾膜花

绵毛水苏

4~5月

耐半阴的开花植物陆续绽放，和彩叶植物相互衬托，呈现出生机勃勃的景象。

各种耧斗菜

半阴环境下开花性出色的植物

半阴环境很容易变得无趣乏味。即使日照不充分，也可以栽种耐阴的开花植物让空间变得生动起来。

洋水仙
石蒜科 / 株高10~50cm / 花期12月~来年4月
早春开放，直至春季结束，白色和黄色是基础花色，具有各种各样的花型。一旦种下，不用怎么管理每年都会持续复花。

裸菀
菊科 / 株高30~40cm / 花期4~6月
花色有紫色、淡紫色、粉红色，纤细利落的花型很有魅力。群开的效果非常华丽。

铁筷子
毛茛科 / 株高30~60cm / 花期1~3月
有冬季开放的原生种和早春到春天开放的杂交品种。有白色、粉色、紫色、黄色等不同花色，以及单瓣和重瓣品种。

落新妇
虎耳草科 / 株高30~80cm / 花期5~8月
在梅雨季节开出一粒粒小珠子一般的小碎花。花色有白色、粉色、玫红色等。

柔毛羽衣草
蔷薇科 / 株高30~50cm / 花期5~7月
蓬松的黄色小花演绎出温柔的氛围。圆圆的青绿色叶片也可作为彩叶植物欣赏。

原生铁筷子
毛茛科 / 株高40~60cm / 花期1~3月
原生铁筷子株高较高，常绿，也有花叶品种。

非洲凤仙
凤仙花科 / 株高15~40cm / 花期5~11月
从初夏开到秋季，成簇开放十分华丽。有白色、红色等不同花色，以及单瓣和重瓣品种。

银莲花
毛茛科 / 株高30~150cm / 花期9~11月
适合野趣风、日式和风的庭院栽种。有矮生和株高较高的品种，花色有白色和粉红色等。

朝鲜白头翁
毛茛科 / 株高20~40cm / 花期4~5月
园艺品种花径较大，花色有紫红色、蓝色、白色等，十分丰富。

大星芹
伞形科 / 株高50~80cm / 花期5~7月
柔美的气质非常适合自然风花园。花色有白色、粉色、胭脂红等。

风铃草
桔梗科 / 株高20~50cm / 花期5~7月
品种非常丰富，有小花、大花、矮生、高株。大多数的花期在初夏到夏季。

在金银花和银叶仓鼠的映衬下，红色的邮箱尤其醒目。

空间种植的乐趣

利用栅栏，体验墙面立体

通往入户门的小路的一侧用木栅栏和邻居相隔。栅栏底下仅有一点点覆土空间，种着金银花、多花素馨、银叶仓鼠、纽扣藤等攀援植物。金银花在初夏开出香气馥郁的花朵，迎接来拜访的客人。

栅栏底部什么都不种显得有点空，栽种一些矾根、薹草等彩叶植物能取得视觉上的平衡。再种植一些三色堇、龙面花等季节性草花加以点缀。

'橙色'三色堇、薹草

左：不同叶色的矾根演绎出生动的效果。

右：金银花初开是白色，之后慢慢变黄。

小空间不利条件的解决方案

小空间往往伴随着各种各样的不利条件，例如光照不足、通风不良、高度限制等。下面介绍一些实际案例的解决方案供大家参考。

公寓露天楼梯下的小空间

问题　空间高度有限，而且还是半日照环境。怎么把这个尴尬区域打造成一个小花园呢？

对策　利用新西兰麻和小栅栏将视线从楼梯引导到花园。这个角落光照不佳，容易显得阴暗，因此建议栽种叶色亮丽的观叶植物，前面种植花色鲜亮的开花植物。由于光照的关系，前面的植物容易趋光倒伏，因此避免栽种花茎细高的宿根植物。

主要植物

盛开的角堇

‘橙色公主’郁金香

茴芋

三色堇

重瓣铁筷子

‘牛津蓝’婆婆纳

紫罗兰

灌木绿篱边的小花坛

 问题 花坛紧挨着灌木绿篱，种植的花卉容易被浓浓的绿意吞噬。

 对策 深粉色、深紫色等鲜亮的花色能从绿篱中跳脱出来。此外还可以栽种相对显眼的穗状花序植物。数量、品种尽可能多一些，混栽效果会很不错。

主要植物

'黑莓莫吉托'矮牵牛

'蓝莓松饼'矮牵牛

藿香蓟

龙面花

裸菀

风铃草

'轮廓'非洲凤仙

大星芹

彩苞鼠尾草

'玫瑰薄荷'藿香

钓钟柳

蓝色鼠尾草

'梦幻大陆粉'百日菊

复古铁艺秋千下的小空间

问题

庭院角落里悬挂着一个复古铁艺秋千，看着未免有点寂寥。秋千只是作为装饰，不用考虑使用功能。

对策

在秋千下用小砖块围边做成花坛的样子，栽种地被植物和低矮的宿根植物。秋千本身很别致，为了不喧宾夺主，此处植物的颜色不宜过多，以白色为主。

3月　主要种植地椒等蔓延性好的地被植物，以及屈曲花等开花性很好又低矮的宿根草花。

5月

各类植物生长、蔓延，恰到好处地混合在一起。矾根也开出了惹人怜爱的细碎小花。

主要植物

屈曲花

'黄金糖果'屈曲花

'奶油浓汤'姬小菊

地椒

铜锤玉带草

柔毛羽衣草

其他植物： 万年草、野草莓、紫花猫薄荷、'太阳能'矾根、'调酒师'矾根、'巧克力士兵'茜草、'阿兹特克黄金'婆婆纳、'潮汐'婆婆纳

专栏2

花园的维护

为了保持花园一年四季的美景，需要对植物进行必要的养护。

摘除残花

枯萎的花瓣容易诱发病害。此外，残花不摘除会结种子，消耗植株的养分，减弱植株的长势。因此及时摘除残花对于开花植物来说非常重要。

花茎细软的一年生草花

摘除花茎细软的三色堇、角堇等的残花时，只需用手捏住花茎底部轻轻摘除即可。矮牵牛则可以用剪刀剪除残花。

一茎一花的植物

一根花茎上开一朵花的植物在花谢以后直接从花茎底部修剪，如左图中的金盏花。

成簇开花的植物

成簇开花的植物只需要把开败的花朵剪掉，等整簇都开完后再从花茎底部修剪。如果想让植物不断抽枝开花，可以参考回剪法修剪。右图为香雪兰。

回剪法修剪

穗状花序的植物和不断抽枝的植物如果放任不管很容易长得株型散乱。此外，还会导致通风不良闷坏植物，尤其是在梅雨季和入夏前。因此要将植物适当回剪，方便度夏。

图中的香雪球正在不断抽枝开花，梅雨季前需要回剪一半枝条。

芽点以上的部分都剪掉。

花期过后的球根植物

葡萄风信子、番红花、洋水仙等球根植物一旦种下，即使不怎么打理第二年也能复花（再次开花）。而郁金香第二年即使复花，花朵也变得很小，因此当季花朵凋谢以后建议直接拔除，到秋天再种植新球。

施肥

肥料按照使用阶段可分成两类，一类是植物栽种时用的底肥，一类是植物生长期间使用的追肥。持续开花的三色堇、角堇、矮牵牛等会不断吸收土里的养分，因此需要经常追肥。

用于追肥的肥料有将液体稀释后使用的液肥，也有颗粒状、粉末状、块状的固体肥料。盆栽植物使用液肥追肥时，像平日浇水那样就可以，非常方便。

更换植物

4月底到5月初三色堇、角堇逐渐落幕，是时候换上能开到11月份的矮牵牛。将三色堇、角堇拔掉的时候，建议将根系周围的土壤也换成新的营养土（富含植物生长所需的有机物和肥料的配方土），必要时还需加入底肥。

49

专栏3

走出去多看看别人的花园

店铺前和公寓外时髦的小花园越来越多了。外出散步的时候多观察观察，在打造自己的花园时可以作为参考。

左：欧洲银莲花后面是初夏开花的蜀葵。

下：银叶的白毛喜沙木和下面的小花相映成趣。

公寓外沿街栽种的漂亮花境

公寓的栅栏和街道之间仅有一条宽20cm左右的狭小空间，却被打造成了漂亮的花境。低矮的灌木、彩叶植物以及溢出花坛的应季草花，让路过的行人们赏心悦目。

以紫色和粉色为基调，优雅的配色十分有魅力。株高较高、花径较大的欧洲银莲花是视觉焦点。

4月

以三角堇、角堇、龙面花等花期较长的开花植物为主，黑红色的朱蕉能起到收敛视觉的作用。

6月

主角是'安娜贝尔'绣球，梅雨季节植物的色彩会显得黯淡，因此种植红色、深紫色等开花植物点亮花境。

左：'安娜贝尔'绣球的花球十分惹眼，令人印象深刻。

右：黑红色的朱蕉和玫红色的蜀葵是一组同色系混栽。

4月

喜林草、匍匐风铃草等草花演绎出春天的氛围。花园边缘垂下的植物在春风中轻轻摇曳，尽显温柔气息。

7月

夏季以冷色系和白色为基调营造清凉感。

侧面挂着镂空式花盆。这是一款既能防止植物缠根，透水透气性又好的花盆。

围绕着店铺橱窗的立体小花园

店铺橱窗外是一块宽约30cm的种植区域，利用金属小围栏可以打造立体空间。最前面种植了四季可赏的彩叶植物，围栏上悬挂着能体现季节感的盆栽植物。

下面是矮生醉鱼草，悬挂植物主要为花期很长的矮牵牛。

在水泥板上种植多肉植物。

用大型花箱打造多肉花园

用大型花箱种植多肉，打造箱体式小花园景观。利用花盆、水泥板等营造立体感。

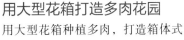

大石块和叠放成塔形的花盆是花园的焦点。

由大戟、朱蕉等喜欢干燥环境的植物和多肉植物组合出沙漠景观。

利用不同叶色、叶形的低矮灌木和彩叶植物打造岩生花园

利用备受瞩目的澳洲植物，如银桦、尤加利、银叶合欢等，配合薹草、大戟等观叶植物打造岩生花园。这个小花园不仅维护需求不高，还能欣赏到非常稀有的花朵。

橄榄树下是各种澳洲植物和薄荷、香雪球的混栽。

各种叶色、叶形、树形的组合十分有趣，即使没有花的季节也很美。

存在感十足的银桦的花。

可爱的手作花器

收集空罐子和好看的包装纸或者杂志等，自制可爱的花器，制作好的花器很适合放在花园的架子上。制作方法很简单，大家都来试试看吧。

所需材料

空罐子、装饰纸（杂志或包装纸）、清漆、双面胶、带花纹的装饰胶带

1 根据罐子尺寸裁剪装饰纸，并在内侧粘贴双面胶。

2 用装饰纸卷住罐子，撕去双面胶胶纸，将装饰纸粘贴在罐子上。

3 接缝部位用装饰胶带粘住，也能防止装饰纸松脱。

4 用钉子或者螺丝刀在罐子底部戳几个排水孔。

5 最后在罐子表面喷涂一层清漆用来防水。

空罐子即使不做改造也很可爱

茶罐等空罐子本身就很有设计感。利用罐子原有的颜色、花纹和植物做搭配组合，可以营造出不同的陈列风格。

PART 2

阳台花园的
打造方法

想要把阳台、
入户门周围这些无土空间
打造成出色的花园，
关键是利用植物和花园
杂货进行组合展示。

四步打造阳台花园

STEP 1 了解阳台的环境条件

每个家庭的阳台情况各不相同，比如朝向、封闭性、层高等不同，造就的阳台整体环境也各式各样。既有一到夏天温度就过高的阳台，也有一年四季光照都不足的阳台。哪怕栏杆的材质不同也能影响植物的生长环境。另外高层公寓的风都比较大，还要考虑防风措施。综合掌握阳台的光照和通风等情况后，才能进一步思考可实施的设计方案，以及选择适合栽种的植物。

STEP 2 决定花园基调

只是将植物和花园杂货随意摆放在一起会显得杂乱而不成风格。阳台花园可以是浪漫风、度假风、时尚风等，首先要确定一个风格以明确花园的基调。

阳台花园是从室内向外观赏的，因此和室内的装饰风格相协调也非常重要。但也不用太拘泥于一种风格，时不时更换一下阳台的装扮，改变一下风格也是打造魅力阳台花园的好方法，同时也能转换心情，所以多多尝试一下吧。

STEP 3 综合考虑墙面和地面的氛围基调，打造和谐的立体景观

栏杆内侧如果不够美观可以安装上色的木板，或者将百叶帘等复古风装饰品作为背景。地面也需要花一些心思，铺贴地板或者地砖等。但要注意承重、排水不畅等问题。

搞定了墙面和地面以后，然后确定花架和木本植物等能让空间看起来更有立体感的大件物品和植物，奠定阳台花园的基调。

STEP 4 配置植物和花园杂货，确定视觉焦点

你一般会从客厅的哪个位置看向阳台呢？这决定了阳台花园视觉焦点的位置。是把客厅沙发看过去的那个角落布置得最美，还是优先考虑从餐厅看过去的风景？需要注意的是，视线高低不同，看到的风景也不尽相同。

选择植物时建议多选一些多肉、彩叶植物等低维护好打理的种类。在此基础上装点季节性草花。

上色的木板作为背景

将一条条木板上色以后竖起来放置作为背景，遮挡原有的水泥栏杆。木板是用花架顶着，并没有固定在阳台上，很容易取下来重新上色，方便更换不同颜色的背景。

考虑从房间的哪个角度看过去风景最美

上图展示的是从左侧沙发向外看出去的风景。花架摆放的位置、盆栽植物的搭配等都优先考虑从沙发看过去的角度，包括靠窗放置的置物架，也要将其作为画面中的一部分加以考量。

阳台花园可以营造出超前的季节感

阳台花园以盆栽植物居多，因此可直接购买开花苗，提早呈现植物开花的状态。季节感稍稍超前的布置也能表现出主人期待新季节来临的心情。

突破狭小、异形空间的限制，打造阳台儿童花园

孩子和大人都能体会到乐趣的阳台花园

这个案例的主人希望将阳台打造成一个能让孩子体会到自然乐趣的小花园，根据客户的需求从零开始设计。阳台十分狭小，有凸出的柱子，还有三个碍眼的空调外机和一个热水器，地板正中间还有一个紧急逃生口，真是集合了诸多不利因素。综合考虑之后，设计师给出解决方案的四个关键点。

①讲究色彩搭配。

②考虑孩子的视角。

③植物以低维护的多肉植物为主。

④遮挡空调外机做成花架，将中间区域打造成可以赤脚玩耍的空间。

因为是儿童花园，所以采用鲜艳的配色，营造活泼的氛围。空调外机的围栏是空间里的主角，既有可爱时尚的外形，又有比较雅致的配色，也能符合大人的品位。

为了让孩子感受小花园的乐趣，考虑到孩子的视线高度，在较低的区域也种上开花植物，再放置一把孩子专用的小椅子。此外还在地上特别放置了水生植物盆栽，孩子蹲下来的时候就能欣赏。考虑到这是一个开放式阳台，会受到风的影响，因此决定不放置主景树木。

推开阳台门看过去的场景
角落里的大柱子和迎面的空调外机特别扎眼。

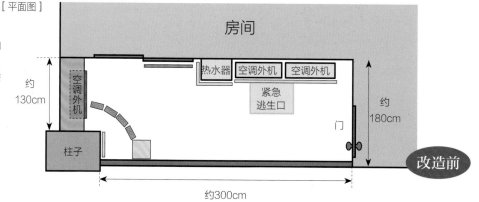

[平面图]

阳台门很窄，外加有三台空调外机，实际可以利用的空间实在狭小。

房间

约130cm

空调外机

柱子

热水器　空调外机　空调外机

紧急逃生口

门

约180cm

改造前

约300cm

从里面看向阳台门
空调外机和阳台栏杆之间的空间十分狭窄，仅仅就是一个通道而已。

地板正中间是紧急逃生口
空调外机前有一个紧急逃生口，十分惹眼。

空调外机围栏的颜色非常
关键，点亮了整体空间。
受孩子喜爱的阳台花园打
造完成。

改造后

在紧急逃生口上方盖上
一块木板，再放置一盆
万年草和小雕塑组成的
微缩景观。既美观又方
便挪动，发生紧急状况
时也不会碍事。

空调外机围栏上用各种多肉植物装饰，
背后再放置一些不同形状的木制饰品。

制作空调外机围栏

颜色是关键

　　若要把阳台打造成花园，空调外机围栏的美观是成功的关键。尤其在这个案例中，狭小的空间内就有三台空调外机，但设计成功地转化了不利条件，空调外机的围栏成了绝对主角，奠定了整个空间的基调，成为小花园的亮点。只使用水蓝色整体会稍显平淡，因此将正对门口的那个围栏刷成了砖红色，整个空间瞬间明朗生动起来。

巧用标准件板材

　　制作空调外机围栏时可以使用一些标准件板材，即使DIY初学者也能快速上手。虽然将每条木板顶部做成圆弧形需要费不少工夫，但圆弧比起直角边能很好地避免孩子受伤，看起来也更可爱。

　　顶部盖板只是放在上面，没有固定，方便取下。如果盖板固定住，今后空调外机需要维修保养时，在如此狭小的空间内拆装就会非常困难。阳台空间尤其需要考虑类似的使用场景。

[展开图]

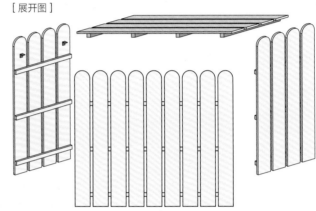

图A

根据空调外机的尺寸确定围栏尺寸。本案例的空调外机长77cm、宽30cm、高62cm，可以利用标准件板材来制作围栏的挡板。

所需材料

5块标准件板材（85cm×46cm）。家装卖场等均有出售。

①直角尺　②卷尺　③油性笔
④铅笔　⑤砂纸

①锯齿　②曲线锯
③电动螺丝刀

① L型连接片（不锈钢）
　……58mm×58mm×1mm 4个
② 一字型连接片（不锈钢）
　……150mm×20mm×1mm 3个
③ L型角码
　……20mm×20mm×2mm 4个
④ 平头自攻螺丝
　……4mm×25mm 18个
⑤ 伞头自攻螺丝
　……3mm×16mm 20个
⑥ 平头小螺丝
　……4mm×12mm 4个

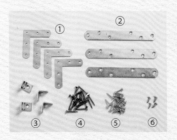

①装涂料的容器　②油性木器漆（木材保护涂料）　③油性色浆（深棕色）
④水性涂料（蓝绿色）※用于涂刷水色系的围栏　⑤水性涂料（象牙白）
⑥水性涂料（亚光灰）　⑦水性涂料（砖红色）　⑧毛刷　⑨平头毛刷　⑩油画笔　⑪抹布（油性、水性各一块）

1

〈切割板材〉

切割出侧挡板、前挡板、盖板的长度

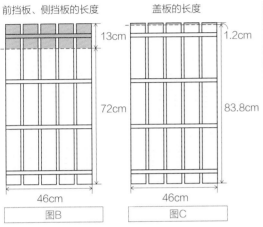

前挡板、侧挡板的长度

13cm

72cm

46cm

图B

盖板的长度

1.2cm

83.8cm

46cm

图C

1 4块标准件板材用于制作侧挡板和前挡板，1块用于制作盖板，按照图B和图C所示尺寸用直角尺量出对应的需要切割的长度，并做好标记。

2 将板材放在桌子上，用锯齿沿着标记好的切割线锯下多余的木板。

切割出侧挡板、盖板、前挡板的宽度

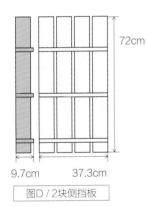

72cm

9.7cm　37.3cm

图D / 2块侧挡板

1 按图D所示的尺寸切割2块侧挡板。盖板也切割为37.3cm的宽度。

其中一块前挡板切割掉一条木板，并保留连接头。

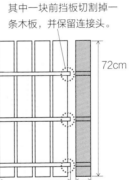

72cm

38.8cm　8.2cm

图E / 前挡板

图B　图E

2 两块前挡板中的一块按照图E所示切割掉一条木板，并保留连接头。

将挡板顶部修理成弧形

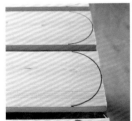

1 沿着盖子等圆形物品用铅笔在侧挡板和前挡板顶部画出弧形。

2 用曲线锯沿着弧形线条慢慢切割。

3 切割结束后，用砂纸将切口打磨光滑。

考虑整体颜色的和谐性，在前挡板上画上自己喜欢的图案。

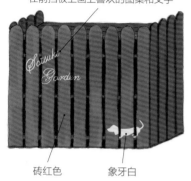

在前挡板上画上喜欢的图案和文字

砖红色　　　象牙白

1 前挡板和侧挡板都刷上砖红色的水性涂料作为底漆，大面积涂刷时用平头毛刷更方便。

2 底漆干了以后，再涂一遍油性木器漆，注意不要涂得太满。

3 用吸干了水分的毛刷轻轻扫刷一层象牙白涂料，做出做旧效果。

注意！

内侧也需要刷涂料，这样既美观又能保护板材。

4 等之前刷的涂料干透以后，用油画笔蘸取象牙白涂料画上自己喜欢的图案和文字。

盖板上色

1 先刷一层油性色浆。

2 油性色浆干了以后，刷一层未经稀释的亚光灰涂料。然后用湿抹布擦拭，呈现出做旧的效果。

3 用吸干了水分的毛刷轻轻扫刷一层象牙白涂料。

3

〈组装〉

在侧挡板上安装L型角码

图F

1 在侧挡板上按照图F的位置用平头小螺丝固定L型角码，两侧都需要安装。

前挡板和侧挡板参考下图安装不锈钢连接部件

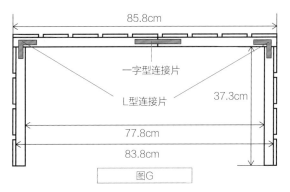

一字型连接片

L型连接片

85.8cm

37.3cm

77.8cm

83.8cm

图G

63cm

37.3cm

L型角码

2 用一字型连接片将两块前挡板组装在一起，注意连接片要用平头自攻螺丝固定在连接杆的下侧。

3 用L型连接片将前挡板和侧挡板拼接组装在一起，注意连接片用伞头自攻螺丝固定在连接杆的下侧。

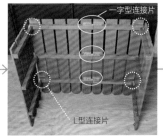

一字型连接片

L型连接片

4 不锈钢连接片都是安装在连接杆的下侧。图示是把围栏颠倒过来的样子（图G）。

5 不锈钢连接片安装好以后将围栏倒过来放正。

6 将盖板放在L型角码上。

完成

打造花园空间大框架

决定家具的摆放位置

　　首先确定要摆放的家具类型，打造整体空间的大框架。除了空调外机的围栏外，还制作了遮挡热水器的木围栏，在空调外机盖板的上方也做了背景板。为了衬托出植物的生机勃勃，空调围栏的盖板和背景板都做了做旧效果。成品百叶小屏风也配合空调外机围栏的风格刷了相同颜色的涂料。

　　木围栏和背景板都制作安装完成之后再来搭配椅子、架子等家具。多多尝试，哪怕出错也没有关系，等整体大框架敲定了再摆放植物和花园杂货等小物件。

　　粗略摆放好以后看一下整体空间的平衡感，可以边看边调整。地板上的东西也一并摆放好，再看一看整体的感觉，确定最终的摆放方案。

1
安装空调外机围栏

安装空调外机围栏和热水器围栏，在紧急逃生口上放置木板。初步摆放椅子和工作台。

统一靠窗的木板、热水器围栏和空调盖板的颜色。靠窗木板上还安装了小搁板。

2 摆放家具，粗略安排主要植物的位置

综合考虑家具的位置，摆放椅子、水蓝色百叶小屏风等。

组合盆栽、悬挂植物、多肉植物等粗略摆放后的样子。

由于整体感觉有点满，于是将之前放置好的绿木盒移走了。

3 边放边调整，确定植物的位置

大部分植物都已初步摆放完毕，接下来进行微调。

增加一些花园杂货，让每个角落都有不同的风景。

在百叶小屏风上悬挂盆栽植物，然后决定组合盆栽的摆放位置。

4 布置地面

上：用铁盘做一个"万年草小庭院"。
下：将不同规格的花园砖组合起来作为收边装饰也很可爱。

在开孔砖里种植万年草，几块砖接连摆放，营造花园小径和花坛边缘的感觉。

椅子和桌子底下作为水壶和花苗的暂存空间。

\ 注意! /
体会试错的乐趣

植物和花园杂货的摆放和组合不是一次就能大功告成的。离远一些看一下整体感觉再来慢慢调整。不时变换一下位置，能感受到不同的风景。

装饰技巧

植物和花园杂货的组合

　　想要打造一个出色的阳台花园，花园杂货和种植容器的选择非常重要。因为这可以体现出主人的品位。种植容器除了市面上常见的普通花盆外，还可以选择复古风的铁皮罐、搪瓷盆等能体现年代感的容器。或者自制花盆，在空罐子上贴上漂亮的装饰纸等，虽然需要花费一些精力，但能更好地诠释个人风格。

　　以这个花园为例，考虑到女主人日常生活非常忙碌，选择的植物以不太需要打理的多肉植物为主。并且为了凸显多肉植物的质感，搭配了各种各样的容器。即便如此，如果只种多肉植物还是会稍显单调，因此配置了几盆草花的组合盆栽作为阳台花园的亮点，不仅丰富了花园也能演绎出变化的季节感。

贴着装饰纸的空罐子里种着小小的多肉植物，和花园杂货放在一起十分可爱。

要点 *1*
通过组合打造充满乐趣的小空间
花些心思将多肉植物盆栽、花园杂货、组合盆栽等组合摆放，打造充满乐趣的小空间。

左：仙人球和多肉植物的迷你组合盆栽。
中：中间的青蛙餐巾环十分惹眼。
右：从右边顺时针分别是景天属和拟石莲花属的杂交品种、长生草和剑司。

体会多肉植物的魅力

多肉植物最吸引人的地方就是它丰富有趣的外形。和不同容器组合，可以打造出不同主题的场景。将不同叶色和形状的多肉植物相邻摆放，互相衬托。

挨着房间的2个空调外机上摆放了多肉植物。
上：右边空调外机上的视觉焦点是和水蓝色围栏相呼应的同色系搪瓷盘和相框。
左：左边空调外机上的布置如图所示。

64

这是砖红色空调外机上的布置。在原有的不锈钢架子上放上盖板，此处的木制背景板是亮点。

复古风的搪瓷杯里种着石莲花属的多肉植物。

要点 *2*
用心挑选多肉植物花盆

除了常规的花盆外，可以将各种有趣的、富有创意的容器作为多肉植物的花盆。

这款花盆厚重的质感和黑法师的气质十分协调。

万年草种在一个空罐子里，罐子上贴着主人喜欢的装饰纸。

用脱模的石膏模具充当小花盆。

将多种小型多肉植物种在一个鲜艳的粉色小铲子里，做成迷你组合盆栽。

将小花铲作为种植容器

将小花铲作为容器时可承载的土量很少，因此选择可凝固的营养土来固定植物。将适量营养土浇湿后搅拌均匀，放在花铲上。栽种好多肉后土就会慢慢凝固起来。

悬挂装饰的小窍门

打造花园立体空间最常用的方法就是"将植物悬挂起来"。通过锈掉的门锁、铁链等营造复古杂货风。

左：大小不一的花盆随机悬挂，高低错落，很有层次感。
上：将百叶小屏风刷成水蓝色，在上面悬挂一盆流线型的垂吊植物。

左：用万年草打造的迷你庭院。
右：种着水葫芦的搪瓷盆后面是一株'斯蒂芬兄弟'玉簪。

从孩子的视角看世界

孩子通常都喜欢蹲着观察事物。那就在地板上放一些能引起孩子兴趣的东西吧。比如在万年草的盆栽里放上水泥小房子和小动物，做成一个迷你庭院；在种植着水葫芦的盆里放一些青鳉鱼等。

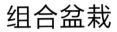

组合盆栽

在椅子等显眼的地方摆放一盆草花组合盆栽，花园空间一下就能丰满华丽起来。哪怕是夏天，只要注意及时浇水和摘除残花，养护起来也不会特别麻烦。

由复色矮牵牛、黄色矮牵牛、'幼兽'澳洲狐尾苋、'粉水晶'蓝盆花、禾叶大戟组成的组合盆栽。

利用矮箱制作组合盆栽

也可以将不同的植物连盆一起装在矮箱或大容器里做成组合盆栽，既好看又方便养护。

由'樱桃可乐'矮牵牛、'妖精舞裙'矮牵牛、薹草、矾根组成的组合盆栽。

左：由矮牵牛、禾叶大戟、朝雾草等组成的组合盆栽。
右：由矮假升麻、麻叶绣线菊等半阴植物和玛格丽特花组成的组合盆栽。

案例2

描绘不同季节的阳台画卷

如立体画一般的风景

这个阳台最宽处是95cm，最窄处是80cm，非常狭窄。这绝对算不上是什么好条件，但换个角度来看，正因为小才可能把每个角落打造得精益求精，并且哪怕是将它改头换面也不需要太多成本。

坐在客厅的沙发上看向阳台，映入眼帘的是如立体画一般的风景。根据季节变换改变盆栽和花园杂货的布置，就可以描绘出不同的画面。另一方面也可以通过增加一些多年生的骨架植物，与植物产生情感联系，体会年复一年照顾植物，与植物相处的乐趣。

活用立体空间

如果空间比较狭窄，可以通过栅栏和悬挂技巧来灵活运用竖向空间。有时候改变墙面背景或地板、换一个花架就能让风景焕然一新。阳台小花园承载着主人期盼下一个季节来临的期冀。将阳台作为画布，自由发挥想象，享受描绘阳台风景的乐趣吧。

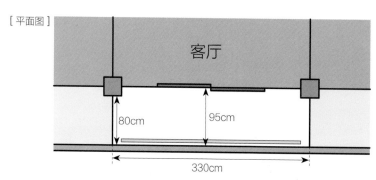

[平面图]

客厅

80cm   95cm

330cm

【用作花园的部分】
长330cm X最大宽度95cm
【栏杆的材质和高度】
混凝土，高105cm

阳台对面总共有三个房间，只是将对着客厅的那片区域改造成花园。

春

春天的下午茶时光。在客厅边欣赏阳台的风景，边和家人或朋友享受美好的下午茶时光。

秋天的光景。装饰着南瓜等橙色或红色的果实，使人联想到秋季的丰收景象。

1-2月

提亮空间

冬天的日照时间较短，人的情绪也容易低落。用粉色系的三色堇、角堇、报春花等点亮阳台整体氛围，心情也随之变得舒畅。再加入黄色的植物，使整体空间更为清新明亮。

要点 1

配置骨架植物

放置一棵常绿树作为阳台花园的骨架植物，整个空间就有了重点。这株圆叶多花桉已经养了7年，通过修剪控制株高。它下面是柠檬百里香。

圆叶多花桉是阳台花园的亮点，围绕它布置植物和杂货。

左：褶边三色堇、龙面花、常春藤的组合盆栽。
右：种植在悬挂铁艺盆里的三色堇更加引人注目。

要点 2

栽种三角堇和角堇

花期从11月到来年5月的三角堇和角堇是冬季阳台不可缺少的开花植物。它们的花色、花型十分丰富，无论是单株栽种还是组合盆栽，都能让人体会到种植的乐趣。

要点 3

组合盆栽是亮点

大型组合盆栽是阳台花园的重要组成部分，既有丰富的视觉效果，又能起到突出季节感的作用。右图中的羽衣甘蓝和银叶植物的组合盆栽就很有新年的氛围，年末就可以装扮起来了。

左：以矾根和大戟等观叶植物为主的组合盆栽，无需太多维护。
右：鳞叶菊、'小烟熏'榄叶菊等银叶植物和羽衣甘蓝的组合盆栽。

要点 4

巧用转角花架

在狭窄的阳台尽头放置一个做旧的花架来打造空间立体感。花架不仅能放置盆栽和花园杂货，而且还能悬挂吊盆。花架也起到了为画面收边的作用。

黄绿色系的观赏草和黄色的三色堇点亮了空间。

\ 注意！ /

花苗临时放置的区域也是"观赏区"

打造阳台花园还有个小烦恼，那就是买来的花苗没有临时放置的区域。可以利用箱子、大容器等将花苗和观叶植物、开花植物放在一起，也能呈现出如同组合盆栽一样的效果。

用黄橙色打造一个活力满满的空间。水蓝色的铁皮盆内是'悄悄话'洋水仙、风信子、葡萄风信子的组合盆栽。左下方吊钟型的彩色小花是立金花。

春意盎然

宣告春天来临的代表性植物是郁金香、葡萄风信子、风信子、欧洲银莲花等球根植物。和三色堇、角堇交织演绎春天的交响曲。

要点 1

早春开花的球根植物

地栽的球根植物还未绽放时，花店里已经上架了郁金香、葡萄风信子等的开花苗。可以先买一些开花苗提早感受春意，然后静静等待去年秋天种下的球根开放。

右边是花毛茛和欧洲银莲花的开花苗组成的盆栽。左边是风信子和'银雾'腊菊。

盆栽球根开花苗

葡萄风信子

花毛茛

欧洲银莲花

风信子

要点 2
体现春天温柔气息的色调

以黄色为主的维他命色能让人感受到春天的活力，而粉色则能让人感受到春天的温柔气息。如果加入褶皱的花瓣就更可爱了。

风信子和花毛茛的花期即将结束，但是依旧十分惹人喜爱。

粉色郁金香和蓝色葡萄风信子相辅相成。

角堇

'玛丽贝尔'欧报春

'纯水'堇菜

三色堇

操作台上铁皮盆内的欧报春是春天花园的焦点。

复古铁皮盒里暗藏着瓶插的月季花。

要点 1

花要尽早剪下来瓶插

从房间里向外望去，欣赏不到的高处枝头上的月季花要尽早剪下来插花。尽早剪可以减少植株养分的消耗，切口处还能促使新芽萌发，枝条也能得以延伸。

重瓣‘黑珍珠’矮牵牛和瓶插的月季花。

5~6月

月季花的季节到来了

‘Mon Coeur’月季中的"Mon Coeur"在法语中是爱人的意思。阳台虽小，多下一点功夫也是可以尝试栽种抽枝性较好的半藤本月季的。

要点 2

栽种和月季能相互衬托的植物

在月季旁边放上能相互衬托的盆栽植物。在野胡萝卜蕾丝般的花朵和风铃草深紫色的花色的衬托下，粉红色的月季花看上去愈发娇美。

左：横拉牵引的枝条上抽出一根根花枝。前面紫色的花朵是风铃草。
中：绽放的月季花朵呈杯形，非常漂亮。
右：和月季花搭配十分协调的野胡萝卜花。

直接购买带果子的树苗，种在加了有机底肥的深盆里。

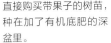
11月
购买

专栏5

在阳台上
种植果树

梅尔柠檬很耐寒，株型紧凑不占地，是很适合阳台栽种的品种。11月购买带果的小苗，金灿灿的果子十分可爱，到了冬天也不要摘，就让它挂在树上作为装饰。到来年2月再摘，此时果子水分依旧充足。4月长出了花蕾，开花结果也很顺利，最后结出了6个大大的柠檬。

第二年
4月

现蕾。白色的花蕾上泛着些许紫色。

5月

开花。打开窗户就能闻到柠檬花的甘甜幽香。

7月

果实越来越大，直径已达7cm左右。

12月
收获

11月中旬果实开始变色，仿佛一瞬间就变成了黄色，非常多汁，香气馥郁。

种植注意事项
- 柠檬相比其他果树更吃肥，因此一年要施肥5次左右。
- 夏天注意不要缺水，尽量每天浇水。
- 花期很容易出现蚜虫，需注意观察，如一定要使用杀虫剂建议只在初期使用。如果介意用药可以用水冲。
- 凤蝶时常会来树上产卵。树苗较小的时候遭凤蝶幼虫蚕食树叶也会枯死。因此要注意及时捕捉清除。

初夏~夏

追求清爽感

炎热的夏季，灵动飘逸的风景更令人赏心悦目。
建议多引入小碎花、白色系的花、下垂的花叶枝
条等可以营造清凉感的植物。

左：粉色系开花植物的组合盆栽。斑叶
新风轮菜带来一丝清凉感。

右：线型草花组合盆栽。藿香蓟蓬松的
球状花序十分可爱。

黑色系矮牵牛、龙面花、耧斗菜、姬小菊、朝雾草的组合
盆栽。

要点 1

以赏花为主的花色搭配

初夏最想种的就是白色系小花。但只有白花的花
园容易显得平淡苍白，可以稍微增加粉色、橙色
等鲜艳的色彩，以及具有收敛作用的暗色系花朵。

银杯花、黑种
草的种子和金
叶过路黄的组
合盆栽。

多栽种一些小碎花和白色系的草花，打造清爽感。

开花植物有天人菊、白雪木以及少数会开花的多肉植物，剩下的都是观叶植物。

要点 2

栽种绿色的观叶植物

夏季炎热的天气很容易危害植物。如果没有自信维护好开花植物，可以干脆都种绿色的观叶植物。为了避免单调，将自带清凉感的小叶植物、垂吊植物和多肉植物混合栽种。

左：心水晶和白雪蔓溢出花盆垂下来。白色桶里是玉簪和金焰绣线菊的组合盆栽。
上：搪瓷盆里是石莲花和白蔓莲的组合盆栽。

多肉植物组合盆栽，茎干的徒长姿态也很有趣。

观赏辣椒、蔷薇果、火龙珠、王瓜等秋果的展示。

秋

丰收的季节

秋天是收获的季节。阳台上装点着各种果实和松果，并且为了呼应南瓜的颜色，特意做了橙色系开花植物的组合盆栽。

古董水泵、碎裂的花盆等组合在一起，别有一番风味。

注意植物和花园杂货的比例要均衡。左侧白色的栅栏状木板也是造景的重点。

银叶植物和油漆剥落了的复古花窗尤其相配。

12月
准备迎接圣诞节

进入12月，开始打造圣诞节主题的花园。以复古花窗为背景，放置天使雕塑、蜡烛、小灯串、仙客来、红色果实等富有圣诞气息的装饰。

适合这个季节的组合盆栽植物有仙客来、角堇、紫罗兰、鳞叶菊、澳洲狐尾苋。

当电子蜡烛和小灯串亮起时，就能轻松营造出圣诞氛围。

利用网格栅栏打造立体空间

将网格栅栏作为背景

有些公寓的阳台使用的是栏杆，竖状的线条很不美观，并且很多人会介意对面楼内的住户能透过栅栏看过来。

但栏杆也有好处，即使是炎热的夏天，阳台上也不会过于闷热。因此，为了保证原有的通风性以及阻隔对面的视线，可以安装具有伸缩性的网格栅栏。刷成水蓝色后很适合当组合盆栽、花园杂货等装饰物的背景。

完善的防风对策

栏杆式的阳台如果遇到大风天气，阳台上基本也是狂风大作的状态。所以务必要把格子栅栏用麻绳或者铁丝牢牢地绑在栏杆上。栏杆和栅栏间再绑上一张防风网，可以减弱风力，防止植物受损。

骨架植物油橄榄具有一定高度，因此要搭配一个重一些的花盆，以防被风吹倒。栏杆上挂着的船形盆栽在大风天最好拿下来放到地板上或者拿进室内。

从房间向外看去就能看到船形挂盆。阳台栏杆和栅栏间绑着防风网。

从房间看出去的风景。空调外机和栏杆之间的距离很狭窄，像是一条通道。

这个角落以网格栅栏作为背景，展示着花架、花园杂货、大型组合盆栽以及骨架树的组合景观。

要点 1

大型组合盆栽

以低维护作为目标的花园要遵循以下两条原则：尽量减少浇水频率，以及尽可能不要增加盆栽的数量。因此可以用极具存在感的大型组合盆栽来打造丰富且低维护的花园景观。

上：浅色系的'朱丽叶'矮牵牛、牛至和深色的'棕龙'金鱼草、金叶过路黄形成强烈的叶色对比，是这个组合盆栽的一大亮点。

左：黑色的矮牵牛和'棕龙'金鱼草具有收缩效果，且将粉色系的草花衬托得更加明艳动人。

株高较高的黑种草、蓝盆花和低处的非洲凤仙、福禄考等相互映衬。

在视觉焦点处悬挂一个船形盆栽。紫色的繁星花、薰衣草和紫红色的矮牵牛搭配在一起十分别致。

空调外机盖板上有一个木盒，盒子里放着几盆多肉植物。

微型月季和鳞叶菊、白雪木、鼠尾草组成的组合盆栽。花期过后就是一盆赏叶的绿植盆栽。

要点 *2*
选用低维护的植物

多肉植物浇水频率很低，观叶植物不需要摘除残花。因此尽量多选择这类植物进行组合，打理起来会很轻松。使用组合盆栽能大大降低所需花盆的数量。

从卧室的窗户向外望去，
一片绿意映入眼帘

上：将花叶地锦盆栽放入做旧的铁艺鸟笼中。
右：橄榄树下放着矾根、纽扣藤的盆栽以及花园地砖。

悬挂花盆里种着几乎不用打理的常春藤和重瓣非洲凤仙。早晨醒来看向窗外，映入眼帘的正是一片绿色的小瀑布。

精致的入户门区域

用植物和花园杂货装点

活用立体空间

入户门区域的景致是一个家庭的门面，是客人到访时最先看到的。但入户门区域通常是无土区，能利用的面积也十分有限。可以通过网格栅栏、椅子、花架等道具活用立体空间，打造个性的入户门景致。

季节感也是打造入户门景致时需要用心考虑的，可以用组合盆栽或者开花植物来体现。下图案例中，春天种植郁金香、欧洲银莲花等球根植物，到秋天则换上鸡冠花、结红色果子的植物，以及薹草等禾本科观赏草来表现秋意。

集体住宅区域要遵守公共区域的使用规则

下图是以集体住宅区专属门廊区域为例进行的设计。铺设地砖，用铁艺格子栅栏围出一个小角落，摆上组合盆栽和花园杂货，打造出立体的迷你花园。

每个住宅区针对专属门廊的使用规则都不同，为了避免引起不必要的矛盾，请一定要事先确认清楚使用规则。

秋

春

在专属门廊区装点当季鲜花。为了使灰色外墙看上去更有生机，主人着实花了一番心思。靠墙放了铁艺栅栏，并种了一大盆斑叶紫茎泽兰，大门尽头的小角落，也用心装扮了一番。

将多种彩叶草、花叶灯心草、矮生千日红、观赏辣椒组成一个以赏叶为主的组合盆栽。

要点 1
用铁艺婴儿床打造植艺小角落

所有的盆栽和花园杂货并非简单地堆在地上，而是将空间分割成几块展示，这样更具层次感和观赏性。如图所示，地上垫了花园砖，再用复古铁艺婴儿床围起来，呈现出一个极具设计感的角落。

巧妙运用悬挂植物
小空间就要在立体空间上多花心思。悬挂形状有趣的多肉植物或蔓生性的藤本植物，打造一个空中迷你花园。

左：丝苇。
右上：新玉缀。右下：覆瓦叶眼树莲。

左：大小不一的花园砖的组合很是俏皮。
右：洗手盆内种植了万年草和乙姬牡丹等多肉植物，还装饰了花园杂货。

植艺小角落的打造方法

用不同尺寸、不同颜色的花园砖拼出一个小地台，赋予这个小空间细腻的变化。复古铁艺婴儿床营造的氛围与锈迹斑斑的洗手盆十分契合，且能与生机勃勃的植物形成质感上的对比。

首先将婴儿床竖起来，并摆放一圈花园砖，圈出植艺角区域。

→

铺满一层花园砖。放置洗手盆的区域用一圈粉色的方形石块围起来加以区分。

→

放上洗手盆，再摆放绿植进行装点。

春

春天是一个充满浪漫和亮丽色彩的季节。用华丽的组合盆栽宣告春天到来的喜悦之情。

要点 2

用季节感满满的组合盆栽表达出欢迎之情

在到访客人第一眼看到的区域摆放季节感满满的组合盆栽，表达出自己的满心欢迎之情。边布置边想象届时客人们的笑容也是让人感到愉悦的时光。

向上生长的迷你风车草与睡莲、浮萍等水生植物的组合盆栽。

上左：多种玛格丽特花的组合盆栽。
上：角堇、臭嚏根草、'小精灵'铁线莲、亚麻叶糖芥等带来春天的气息。

上：黄色的观赏辣椒搭配棕色系草花的组合盆栽。
下：花叶芒很有秋天的感觉。

夏

睡莲盆内种植了数种水生植物，在炎炎夏日为到访的客人带来一丝清凉。

秋

纤细的观赏草和秋季风情的开花植物一同演绎秋天的野趣风情。

PART 3

小空间花园的
点睛之笔
——组合盆栽

组合盆栽是由植物和花盆共同演绎的艺术创作。
不同的组合可以变幻出无限的可能性，
是构成小庭院和阳台花园的重要组成部分。
接下来享受创作组合盆栽的乐趣吧。

组合盆栽是小花园不可或缺的部分

花盆选择和植物配置

组合盆栽可以说是会生长的景观。组合栽种什么植物，种在什么样的花盆里，都会影响最终呈现的景观效果。尤其花盆的选择能体现个人的品位，因此尤为重要。复古器皿、厨房用具、箱子等，只要你有想法，各种各样的器具都能用作花盆。

植物的选择上，花期长、当季开花、彩叶这三类植物是组合盆栽的黄金组合。另外，加入富有动感的垂吊型植物，可为作品增添灵动感。

组合盆栽既要体现季节感，又要长久保持良好的形态

制作组合盆栽的关键点有两个，一是当季开花植物花期过后仍能保持美感，二是在整体形态保持良好的基础上，不同季节可以呈现出不同的魅力。综合这两点实际是要求组合盆栽既能体现出季节感，又能长久地保持良好的形态，这样就不会对忙碌的日常造成负担。当季花卉在花期结束后可以拔掉，然后补种其他植物，但有些品种也可以保留，用来欣赏叶子或者种荚。

让应季组合盆栽成为花园的亮点

请一定要在花园小径、花坛、天井等最显眼的地方摆放组合盆栽。它不仅能成为花园的亮点，吸引人们的视线，而且能演绎出华丽的氛围以及浓浓的季节感。

这是一组以白色和绿色为基调，展现成熟风韵的春季组合盆栽。焦糖色的矾根与花盆形成呼应，提升了整体的气质。

将大型组合盆栽作为
小空间的焦点

在阳台的视觉焦点区域装饰大型组合盆栽或者悬挂盆栽能奠定整体空间的格调。务必在色调、花器、装饰物的选择上多花些心思,这些是打造小空间花园的关键要素。

用色彩缤纷的组合盆栽装扮冬日的阳台。右下角的组合盆栽活用了多种观叶植物。凳子上是三色堇和欧洲报春的组合,体现出季节感。阳台栏杆上悬挂了多种垂吊型植物,强调纵向景观的线条感。最前面是一小盆简单的应季植物组合盆栽。

这是一个能让人感受到初夏气息的悬挂组合盆栽。主角是矮牵牛和天人菊,下垂的常春藤让人联想到流水,带来一丝清凉感。

用植物和花园杂货一起
打造迷你世界

在细长的操作台上用植物和迷你洗手盆、木箱、小动物雕塑等花园杂货打造一个有趣的迷你世界。

阳台栏杆上挂着细长的组合盆栽,前面的桌子上摆放小型组合盆栽,强调出景观的层次感和远近关系。

用不同的花器提升组合盆栽的表现力

提升对美的感知度，尽情发挥创意

　　花盆对于组合盆栽来说非常关键。可以毫不夸张地说，花盆的颜色、形状、材质决定了整个作品的基调。在花盆选择上我们可以拥有自由想象和发挥的空间。

　　生活用品、复古小物等各种意想不到的容器都能被应用到组合盆栽中。打造复古风格的时候，容器上的锈迹都变得熠熠生辉。在空罐子上粘贴装饰纸等DIY改造方法，也能做出别具一格的原创花盆。（参考52页）

　　不断提升对美的感知度，插上自由想象的翅膀，尽情地探索属于自己的组合盆栽世界。

由暗色系角堇和粉色系草花组成的色彩对比强烈的冬季组合盆栽。铁皮桶的斑驳锈迹和独特优雅的配色很协调。

给花盆涂上喜欢的颜色

组合盆栽中经常使用水桶作为花盆。除了复古风格的水桶外，也可以自己给水桶上色，丰富组合盆栽的视觉效果。上色的时候可以不用那么均匀，反而更有味道。

上：粉色系的小花搭配蓝色的水桶。颜色对比强烈，很有视觉冲击力。

集合了初夏植物粉色藿香蓟、斑叶新风轮菜等的组合盆栽。夏天的组合盆栽植物需要认真进行筛选，重点是不要种得太多太满。

左：网眼搪瓷盆里种着银色系的多肉植物。用椰棕丝作为铺面装饰，给人以清爽感。

上：在一个像是煮西班牙海鲜饭的平底锅里种植了高杯花以及交替开花的矮牵牛等小草花。活血丹从这组冷色调的组合盆栽中如水般溢出倾泻而下，和底下的组合盆栽形成了视觉上的衔接。

活用生活用品

生活用品中类似滤水篮、脸盆等各种容器都可以作为组合盆栽的花盆。容器底部如果没有排水孔，建议先打孔再使用。

方形滤水篮里种了朝鲜白头翁，柔软的花朵与温柔的春风十分相称。用椰棕丝覆土可以防止水分挥发过快，呵护朝鲜白头翁并不长的花期。

将复古杂货用作花盆

复古杂货和新生植物之间的质感碰撞非常有趣。多肉植物也可以种在没有排水孔的容器里，只需在盆底放少量的硅酸盐白土或颗粒状介质作为蓄水层以防根茎腐烂。

用复古罐子制作的多肉组合盆栽，斑驳的锈迹很有魅力。

右：重瓣银莲花、皱边三色堇、紫叶水菜像是自然生长在一起一样。

预埋种球的
组合盆栽

晚秋时节推荐大家尝试球根植物的组合盆栽。
冬天，三色堇和角堇给人们带来视觉享受。春
天，球根植物开花了，提醒人们春天的到来。

组盆约
半年后

葡萄风信子探出头来，是春天独有的可爱气息。

组合盆栽 *A* 春天，葡萄风信子从楚楚动
人的草花间探出头来

网眼搪瓷盆里种植了花型独特的红褐色角堇。将葡萄
风信子的种球预埋在里面作为彩蛋，期待春天来临后
带来的惊喜。

2月

冬季，角堇源源不断地开花，像要溢出来一样。花叶香
雪球的花朵也是层出不穷。

准备小苗和种球

① 红褐色的角堇
② '新浪潮'角堇
③ '橙色虎眼'角堇
④ '寒夜'花叶香雪球
⑤ '魔法系列'葡萄风信子
⑥ '蓝宝石'葡萄风信子

准备工作

1 在网眼搪瓷盆里铺入适量椰棕丝。

2 在椰棕丝上盖一层塑料薄膜,用剪刀扎几个排水孔。

3 在营养土里混入底肥,然后倒入塑料薄膜内。

4 最后把露在外面的塑料薄膜剪掉。

制作方法

1 先确定好组合盆栽的正面,均衡种入花苗。葡萄风信子种球尖头朝上嵌入花苗间的空隙里。

2 不仅要在中心位置种植种球,花盆边缘处也要塞几颗。开花的时候就会纷纷从盆里冒出来,非常可爱。填完土后要用椰棕丝铺面,不仅能防止土壤水分蒸发,看着也很清爽。

完成

12月

不仅有暗色系的角堇,还有淡色系的,给人以轻快感。

组合盆栽 *B*

秋冬季沉稳别致，春季华丽热闹

秋冬季，由深色的三色堇以及薹草组成沉稳别致的盆栽。但一到春天郁金香开放，形成高低错落的景致，一下子变得热闹起来。

准备小苗和种球

① '香波巧克力'三色堇
② '火狐'薹草
③ 粉色的三色堇
④ 褶边三色堇
⑤ '美好时代'郁金香、
　'白玫瑰'郁金香
⑥ 硬毛百脉根
⑦ 圆叶牛至

准备工作

1 铁皮桶底部打排水孔。

2 在过滤网袋里装入适量盆底石。

3 在营养土里混入底肥。

制作方法

1 将装有盆底石的网袋放入铁皮桶。

2 花苗脱盆后，去掉土球顶部的表土，再将根系稍稍松散一下。

3 根系缠绕紧密的植物可以用剪刀剪掉底部2cm左右，然后稍稍松散根系。

4 郁金香种球放在花苗之间的空隙里。注意将芽点朝上放置。

5 彩叶植物如果株型太大，可以分株后再使用。

完成

11月

冬季的花园往往显得寂寥，放上这样一盆组合盆栽就如同点亮了一盏色彩斑斓的灯。

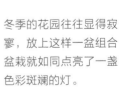

体现季节感

一年四季的组合盆栽

观赏期长又能表现季节感的组合盆栽应被大力运用在
阳台等小花园中。不同季节的植物组合方式和花盆选择
可参考下面的制作案例。

温柔的鲑鱼粉让人联想到和煦
的阳光

极具装饰性的陶土盆里种满了冬天也能持
续开花的植物品种,将大门口装扮得华美
又热闹。粉色系开花植物和银叶植物的搭
配永远不会出错。从淡粉色到鲑鱼粉,再
到深粉色,渐变的同色系组合十分和谐。

制作要点
使用同色系开花植物的时候,可以使用不同花
型的品种,比如用小花和皱瓣花组合搭配,就
不会显得单调。

使用的植物
❶ 紫罗兰(粉色)
❷ 臭木叶 ❸ 宽萼苏
❹ '赛车手'银叶菊
❺ '粉色考拉'角堇
❻ 三色堇
❼ 仙客来
❽ 鳞叶菊

生锈的铁皮桶别有风味

用温柔的粉色搭配黑色系的羽衣甘蓝。和上一盆
一样都是粉色开花植物和银叶植物的组合盆栽,
只是容器不同,呈现的整体氛围就完全不同了。

制作要点
不仅使用了黑色系羽衣甘蓝,还加入了白色小花品
种,使得花叶衔接尤为自然。

使用的植物
❶ 羽衣甘蓝
❷ '神话'重瓣三色堇
❸ 心水晶
❹ 三色堇
❺ 迷你羽衣甘蓝
❻ 鳞叶菊

迎接圣诞节和
新年的组合盆栽

用青灰色的针叶树和绒毛饰球花这些能让人联想到森林和圣诞节的植物，搭配花期很长的仙客来和帚石南。

制作要点

用了两种株高不同的仙客来形成高低错落的景观。前面的植物种植的时候稍稍向前倾。

使用的植物

❶ 巧克力波斯菊　❷ 针叶树　❸ 仙客来　❹ 绒毛饰球花　❺ '桃子'三色堇

❻ '花园女孩'帚石南　❼ '甜蜜奶油'矾根　❽ 羽衣甘蓝　❾ 黑色的角堇

用紫色系的花叶
表现优雅复古的格调

这是一组以重瓣欧洲银莲花为主，并集合了其他复古色彩的植物品种的组合盆栽。条纹花瓣的报春花时尚又独特。

制作要点

植物的颜色既青涩可爱又优雅复古，是一组非常特别的组合盆栽作品。

使用的植物

❶ GEBR公司培育的'神秘系列'角堇

❷ 三色堇

❸ 水菜

❹ 重瓣欧洲银莲花

❺ 报春花

❻ '新浪潮'角堇

晚春~夏

活用小花和花穗线条，打造清爽的组合盆栽

百万小铃花朵虽小却十分具有存在感，以它为主角配以其他楚楚动人的草花来组盆。再搭配白色的铁皮桶，奠定整个作品清爽的基调。

制作要点

三色鼠尾草红绿色的花叶衔接了整组盆栽的色调。彩叶植物是组合盆栽中不可或缺的元素。

使用的植物
1 小型矾根
2 禾叶大戟
3 蕾丝花
4 黑色半边莲
5 田车轴草
6 三色鼠尾草
7 百万小铃
8 '天使的翅膀'法绒花

如水粉画一般温柔清雅的色彩组合

'蓝色星星'黑种草和飞蓬草等色调清雅，具有水粉画般的格调。这是一组能让人感受到微风习习的组合盆栽。

制作要点

栽种了花期持久的矮牵牛、花叶黄水枝及薹草，即使花期较短的黑种草开过以后，这组作品依旧可以长久欣赏。

使用的植物

❶ '蓝色星星'黑种草
❷ 飞蓬草
❸ 薹草
❹ '妖精舞裙'矮牵牛
❺ 花叶黄水枝

加强叶色对比，小小的盆栽也可以充满动感

这个作品以绿色植物为主，搭配紫红色条纹花瓣的矮牵牛和紫色的小苦荬。个性十足的水泥盆和植物相得益彰。

制作要点

选用的植物大部分是绿色或淡色系的时候，用少量深色植物形成颜色上的对比，立马就能点亮整个盆栽。

使用的植物

❶ 紫色的小苦荬
❷ 婆婆纳
❸ '疯狂系列'矮牵牛
❹ 金叶茅莓
❺ 心水晶
❻ 草原车轴草

确保植株的高度，
营造出不亚于花器的存在感

随着春天的过去，桃色蒲公英的花期也结束了，接下来就可以欣赏它毛茸茸的种子了。粉色系和黑色系的组合给人成熟稳重的印象。

制作要点
像打造迷你庭院那样，平衡好各种草花植物的比例和高度差。

使用的植物

❶ 桃色蒲公英
❷ '奶油布丁'福禄考
❸ 柔毛羽衣草
❹ '雅'酢浆草
❺ *Mikania dentata*（假泽兰属植物，暂无中文名），可用常春藤等替代
❻ '复古伏特加'美女樱
❼ '超级复式'石竹

打造风中摇曳的姿态，
演绎夏日的清凉感

初夏开花的植物好像是从朝雾草、铜锤玉带草等地被植物里蹦出来的一样。这是一个俏皮又不失温柔的作品。

制作要点
只使用野花一般的小草花容易让景观模糊没有特色，用更具存在感的重瓣矮牵牛做出变化。

使用的植物

❶ 吉莉草
❷ 花叶大戟
❸ 朝雾草
❹ '妖精花束'矮牵牛
❺ '金黄地毯'铜锤玉带草
❻ 铙钹花
❼ 硬毛百脉根
❽ 圆叶牛至

秋

叶子和果实呈现出
渐浓的秋意

极具秋天气息的红色果实和金属色叶子中间浮现出一簇天鹅绒质感的白色叶子，异常醒目，怎么看都看不腻。

制作要点

前面的数珠珊瑚种植的时候尽量向前倾，让个性十足的银叶植物更为突出。

使用的植物

❶ '红魔'显脉聚星草
❷ *Senecio candicans*（千里光属植物，暂无中文名），可用绵毛水苏等替代
❸ 薹草
❹ 红叶千日红
❺ 数珠珊瑚
❻ 斑叶红尾铁苋

凸显叶色的迷你秋景

仿木箱的铁皮盒里种植着不同叶形和质感的观叶植物。'黑珍珠'观赏辣椒花期过后换上仙客来也不错。

制作要点

宽萼苏对称种植，伸展的茎叶极具动感。避免抽枝过盛，需及时修剪。

使用的植物

❶ 宽萼苏
❷ '黑珍珠'观赏辣椒
❸ 红叶千日红
❹ 无刺猥莓
❺ 银叶橄榄菊

花环式组合盆栽的制作方法

这是一款制作简单的花环式组合盆栽，即使没有任何插花基础都可以跟着动手制作。
用结着红色果实的匍枝白珠、仙客来，以及看上去像玫瑰花朵的迷你羽衣甘蓝装点冬季的玄关。
红白色系的花环能让人立刻联想到圣诞节和新年。

1 将花环的主角仙客来放在最显眼的位置，注意两株仙客来的平衡。

2 将另外几盆主角植物也定好位置，注意均衡性。

3 将配角屈曲花、香雪球等填入空隙间。

4 最后种上常春藤，将柔软的枝条围着花环绕一圈，并用U形针固定。

①常春藤
②仙客来（2种颜色）
③匍枝白珠
④屈曲花
⑤斑叶百里香
⑥迷你羽衣甘蓝 3株
⑦香雪球
⑧鳞叶菊
⑨环形容器   *U形针、营养土

所需植物和材料

准备工作

1 用剪刀在环形容器里的塑料膜上扎几个洞，便于排水。

2 放入适量营养土，在土里混入底肥。

PART 4

小空间花园的
灵感创意案例

多去拜访园艺达人们的小花园，用心
体会这些小花园的个性和魅力，参考
花园达人们的创意和品位，一定会对
自己的造园有所帮助。

多层次花园

不放弃每一寸空间，

打造不同层次的庭院花园

——【丫府】

不同区域打造不同的风景

路过Y府时，首先映入眼帘的是路边的花坛和华丽的月季拱门。通往入户门的小路同样被装扮得十分漂亮。沿着小路走进去，转角是一道白色的木门，上方也架着一道月季拱门。推开白色小木门继续沿小路蜿蜒向前，小花架、木露台、一间小屋，一幕幕景致徐徐进入眼帘。每一个区域都打造了不同的风景，让人不由感慨每一处都是"小花园的样板"。

Y君告诉我们，这个花园是他用17年的时间一点点建起来的。木露台、小屋都是他慢慢打磨自建的。最近四五年增加了月季的数量，原本是野趣自然风的空间渐渐变得华丽。

用创意克服恶劣条件

有几处死角的利用方法非常值得我们学习。用Y君自己的话说："即使条件再恶劣的地方，只要你有想法有创意，也能转变成非常棒的空间。"防护墙和房子之间细长幽暗的通道是很容易被人们放弃的地方，Y君却用了4年的时间，将这里变身成一条布满了月季花和绿植的通道。而且通道尽头安装了一扇小门，立刻营造出一分神秘感，令人不由地遐想门后面是否有一个拥有着传说故事的秘密空间（见109页）。

停车场角落里停了一辆自行车，车篮里装点着一盆季节感满满的组合盆栽。此时正值木香的花期，开满花的木香化身为自行车的背景墙，十分壮观。

空间 **A**

将门口通往入户门的小路
打造出华丽的景致

面向道路的花坛里架着'亚伯拉罕·达比'和'康斯坦斯·斯普莱'藤本月季的拱门。月季花下三色堇成簇开放，最后用毛地黄收边。通往入户门的小路用花园砖铺设，并装饰盆栽植物和花园杂货。可根据季节变换更替盆栽植物。

[平面图]

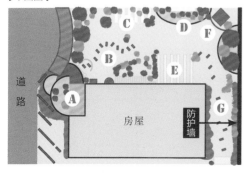

花园砖边缘、接缝处爬着纽扣藤、活血丹，透着自然的野趣。在花园砖上画上文字图案能更加引人注目。

窗户周围牵引'藤冰山''红色梅朗'等藤本月季。

花园的入口是故事的前言。华丽的拱门、悬挂盆栽、组合盆栽等组成华美的景致。

空间 B 从花园入口就开始期待花园的全貌

白色木门和白色的'夏雪'月季花拱门共同组成了花园的入口。进门便能看到花园水槽、窗户四周等被各种植物和花园杂货装点。这只是花园入口的景致，还不能看到花园的全貌，不过已经十分令人期待和兴奋了。

这块区域摆设了各种复古风杂货，如用枕木改造成的水龙头等。

左：铁线莲沿着架子边缘攀爬，等到花期一定更美。
右：注意万年草旁边小花盆的装饰手法。

空间 C 用各种花园杂货装点 兼具遮挡视线功能的花架

挨着栅栏的是DIY木花架，种在大花盆里的'索尼亚里基尔'月季攀爬在花架上。花架下摆放着桌椅，装饰着各种植物和花园杂货。加勒比飞蓬菊、野芝麻等多种地被植物混合栽种，像是自然生长出来的一样。蓝色的梯子是此处的亮点。

作为背景墙的栅栏高低各不相同，具有韵律感。

紫红色的'曼斯特德伍德'月季和攀爬在木栅栏上的铁线莲，以及脚下的各种观叶植物相互衬托。

控制植物的高度，
将小花坛打造出组合盆栽般的效果

Y君想把花坛打造成大型组合盆栽的效果，因此选择不太大的植物，并将它们紧凑地栽种到一起。控制欧活血丹、金叶过路黄、野草莓、筋骨草、矾根等地被植物的数量，避免其中一种过多。

林下也能生长良好的矾根、野芝麻是半阴环境里的宝藏植物。

空间 **E** ## 木露台的颜色不宜
过于醒目

为了避免木露台从庭院的整体景致里跳脱出来，因此刷了深绿色的涂料。栏杆呼应房屋刷了白色，栏杆上面用铁艺装饰丰富视觉效果。露台柱子上牵引了数种月季，有花型优美的'权杖之岛'，还有大花径的'洛可可'等。

左：木箱和红色的浇水壶十分相称。
中：栏杆上放置了撒了香草种子的小盆栽。
右：由古董缝纫机以及和露台相同颜色的梯子组成的区域主要用于展示花园杂货。

常春藤爬满了墙壁，将墙面变成了一面绿色的背景墙。这块区域很容易显得黯淡，因此用红色的自行车形状的摆件和月季花打造视觉亮点。

空间 F
用花园杂货和绿植装点
光照不佳的角落

被防护墙和栅栏包围的庭院拐角处采光不佳，因此主人在那里自建了一间小屋，在丰富景致的同时，也能遮挡路人的视线。小屋外用矾根、铁筷子、鬼灯檠等适合半阴环境生长的植物和花园杂货共同装点。小屋上牵引小花型的'红瀑布'月季。

左：花窗上装饰着彩色的玻璃，阳光透过花窗照射在花园杂货和绿植上。
中：花园中的红色花朵很醒目。
右：浅色木框里金叶过路黄的黄绿色叶子非常鲜亮。

适合半日照的月季

选择抽枝性好、在半日照条件下也能强健生长的月季和木香花品种。上图是'泡芙美人'月季和重瓣白木香。

空间
G

生长强健的月季将防护墙边光秃秃的通道改造为一条秘密小径

紧挨着房屋的是一道高达4米的防护墙，和房子之间夹出一条光秃秃的通道。用了四年的时光，常春藤和爬山虎爬满了防护墙。为了让月季接受到光照，将它尽可能向上牵引。通道的尽头建了一间小屋，透过月季花拱门下垂的枝条能看到小屋的门。

用绿色覆盖防护墙

原本的防护墙如下图所示，现在常春藤和爬山虎已爬满墙壁，变成了一面绿色的背景墙。装饰桌子、椅子以及各色花园杂货。

用花园杂货提亮空间

为了提亮昏暗的空间，特意摆放水蓝色和白色的小桌子，并装饰可爱的花园杂货。

阴面花园

光照不足空间的华丽变身

[J府]

110

半日照环境也能花团锦簇

这是一个面向马路和停车场的抬高了的花坛。照片拍摄的时候正好是光照比较好的时候，实际上这块区域的日照时长并不长。主景树具柄冬青比刚栽种下去的时候长大了不少，因此树下的区域也容易光照不足。

综上，这里适合栽种能适应半日照环境的植物。外加正对着马路，希望打造一个花团锦簇的区域。深浅不一的粉色蓍草、美丽的'安娜贝尔'绣球等在半日照条件下开花性也非常好的植物是首选。

搭配种植观叶植物

为了使有限的空间更具立体感，种植两种不同颜色、不同高度的'安娜贝尔'绣球。并在各处放置盆栽，以便随着光照可以随时移动，营造出高低错落的层次感。

花坛尽头有一块广告牌，限制了这块区域的植株高度，因此以低矮的彩叶植物为主。使用彩叶植物时要遵循"用彩叶植物的叶形和叶色来呼应旁边的植物"的原则，和旁边的植物相辅相成、交相辉映。即使只使用彩叶植物也能色彩缤纷不显落寞。

要点 **1**

开花植物和彩叶植物的搭配呈现出丰富的视觉效果

面向花坛，左侧拐进去还有些空间，右侧尽头只有30cm左右的宽度，这是一个形状不规则的花坛。靠近广告牌的地方和花坛边缘处以彩叶植物为主，拐进去稍微宽敞些的地方栽种了矮灌木和花量较大、株高较高的草本开花植物。花和叶互相映衬，展现出花坛丰富的层次和华丽的开花效果。

开花很美的矮灌木

绿色的'安娜贝尔'和 粉色的'安娜贝尔'绣球。

左边多为开花植物，右边以彩叶植物为主。充分结合实际环境搭配种植各种植物。

渐变的粉色蓍草和蕾丝花、绣球花的色彩十分协调，如同一幅画一般。

加勒比飞蓬菊

'桃子的诱惑'
蓍草

柔毛羽衣草

 要点 2 用半日照下开花性也很好的植物演绎华丽的开花效果

用'安娜贝尔'绣球、蓍草、蕾丝花等成簇开放的植物演绎华丽的开花效果。再搭配林地鼠尾草、毛地黄、蓝盆花等株高较高的植物，花朵从花丛中探出头来，感觉整个花坛都在竞相开放、热闹非凡。

株高较高的植物

林地鼠尾草

单叶葱

蕾丝花

蓝盆花

黑种草

112

彩叶植物的组合种植居然可以呈现出如此丰富的视觉效果。矾根和黄水枝的小碎花楚楚动人，十分可爱。

从侧面能明显看出植物的高低错落，具有丰富的层次感。

使用的彩叶植物

① '太阳风暴'矾根　②矾根　③'黑莓挞'矾根
④茅莓　⑤羊角芹　⑥黄水枝　⑦'黑龙'麦冬
⑧大戟　⑨斑叶新风轮菜

 ### 要点 3 花坛尽头狭窄的区域和花坛边缘
以花叶植物为主

花坛边缘由各种叶色和叶形的彩叶植物构成。如果只有观叶植物会稍显寂寥，因此还种了粉红色的金鱼草、蓝盆花、黑种草等开花植物。天竺葵、荆芥叶新风轮菜、含苞待放的松果菊的组合盆栽是这里的主角。

DIY花园
热衷于DIY的花园空间
——[府]

木箱后面是一块刷成白色的网格栅栏。

和DIY墙面风格十分协调的自然风组合盆栽。

要点 1 入户门周围用植物和
花园杂货组合装扮

为了遮挡房子原本的墙壁，屋主自己涂刷油漆做了木板背景墙。然后摆放木盒和小架子，木盒里放置植物小盆栽。植物以不用太花费心思的多肉植物为主，再搭配当季草花。

植物和DIY小物的颜色十分引人注目

　　I君的兴趣爱好是DIY各种水泥器具和木工小物，而且他非常擅长将植物、DIY物件和花园杂货组合在一起装扮生活空间。

　　入户门周围是展示作品的空间，用自制的背景墙、置物架配合植物和花园杂货共同装扮。蓝色的组合盆栽和暗黄色的背景墙形成了对比效果。

　　利用水泥制品等DIY物件将院子分隔成一个个的"小空间"，并将每个区域都打造成一幅与众不同的风景画。水泥墙可以阻隔路人视线，有利于打造私密小花园。庭院死角也不要轻易放弃，充分利用花园杂货小物，每一个小角落都可以变身为一个生动的迷你花园。

上：多肉植物小盆栽和花园杂货的组合十分可爱。
下左：带镜子的储物盒里摆放了红花半边莲小盆栽。
下右：DIY水泥板上用可凝固营养土种植多肉植物。

上：看似随手放置的蓝色小木窗，与盆栽植物的花色互为对比色，两者相互衬托。

右：放置各种工具的区域，也是花园的收尾区。

要点

2 将屋檐下的置物柜打造成花园里的一道风景线

屋檐下放置了一个置物柜，主要用于存放花园工具。也可以在置物柜上摆放盆栽和花园杂货作为装饰。这块区域容易显得阴暗，要选择能提升空间亮度的花色和叶色。放置梯子的区域做了木制背景板，房子的窗户也花心思打造成了花园里的一道风景。

要点

3 用DIY水泥板打造独立的小花园空间

I君用水泥和砂浆DIY了一面背景墙和一个小花坛，放置在面向马路的栅栏前。用DIY物件构筑一个个独立的小空间，并打造出如画一般的美丽风景。

左：这片区域容易光照不足，因此种植了牛蒡和强健的万年草。

上：由香雪球和飞蓬草等小碎花组成的迷你花坛。

木露台、小花架和前面的小架子、椅子等采用了相同的颜色，互相呼应。

上：从院子左侧看过去，能看到蓝色的防腐木露台和热闹的植物展示区。
下：带木箱的迷你花架。

要点 4 **DIY的木露台中设置了植物展示区**

DIY的防腐木露台中专门设置了一个小花架，作为植物展示区。庭院中还有一个白色迷你花架，不仅能放置盆栽，还能起到分隔空间的作用。主人花了一番心思将DIY物件和植物协调地组合在一起。

半阴处随意放置了一个可以放植物盆栽的自行车形状的铁艺饰品，提升了花园的趣味性。

要点 5 **用杂货饰品改造花园死角**

栅栏边的一点小空间，以及树下的半日照区域等死角都可以利用杂货饰品和植物进行改造。不用太花费心思，随意一些反而更有魅力。植物以不需要很费心思照顾的为主，再放一两盆当季的开花植物作为亮点。

迷你铁艺长椅上放了浇水壶和装着鲜花盆栽的木箱，构成了一个可爱的小空间。

117

立体花园 ——[O府]

通道旁的狭长空间也能打造出丰富的立体景致

要点 **1** 繁花似锦的月季花园

从停车场往前走一段就来到了通道处，这一片区域被打造成了月季花园。上层的空间较为充裕，因此选择了花量大、颜色华丽的品种。DIY的白色长椅不仅遮挡了墙壁，而且还是展示花园杂货的区域。

用观叶植物来衬托黄橙色的'撒哈拉98'月季。

DIY背景板和迷你花架

〇君十分擅长利用通道空间，比如房子和停车场之间的小路以及房子和栅栏之间的区域。通道大多是碎石路面，因此放弃地栽，主要采取盆栽方式种植植物。左页图中黄橙色的'撒哈拉98'月季也是盆栽的，但养护效果非常出色。

栅栏小路两侧DIY了木制背景板和花架，用植物和花园杂货打造出一条绿意盎然、充满乐趣的花园小径。可以地栽的区域做成迷你花园，再摆放一把可爱的小椅子，一下就有了氛围感。

要点 2 木制背景板兼具通风和遮挡路人视线的功能

考虑到通风效果，栅栏前的木制背景板特意设计成板材之间有空隙的样式。放置花架，将盆栽月季牵引到花架上。通道的一边看上去像是抬高的花坛，实际是将砖头垒起来遮挡花盆。

上：迷你花架上装饰着假花窗和多肉小盆栽。
中：房子和栅栏之间的通道。
右：空调外机前面一小块区域用来摆放盆栽，并用花园砖做成围栏。

左：黄色的迷你长凳上放着一个小铁艺篮筐和一把小花铲。
下：盛开的三色堇传递春天的气息，和铁线莲花架、小水壶一起装点这块区域。

要点 3 利用小空间打造迷你花园

停车场一侧有一小块区域没有铺碎石，因此可以地栽小型植物。并用小型铁艺栅栏、迷你尺寸的水桶、长椅、花铲等摆件，打造立体画一般的迷你花园。

'老伦敦'

'洛可可'

'龙沙宝石'

'蓝月'

月季花墙
用有限的土实现
月季环绕

——［F府］

关键在于土壤改良

F君家门口有一条宽约45cm的种植槽，原本打算种植其他草花植物，但因为无论如何都割舍不了月季，因此前后花了15年的时间一株株慢慢添加，打造成现今如此壮观的月季花墙。品种的选择交给夫人，他自己主要负责修剪和牵引的工作。算上北侧宽仅5cm的种植槽里的，总共种植了20多种月季，以白色系和粉色系品种为主。

由于土壤较少，夏天非常容易缺水，因此安装了自动喷灌装置。因为自然条件较差，有些病害实在难以避免，无计可施的时候只能剪掉患病的植株。因此土壤改良非常重要，尽量每年都换土，并加入牛粪等肥料。

门口拱形花架上攀爬的是大花型的'洛可可'月季。2楼露台栅栏上也牵引着月季。

左：种植槽里侧藏着的黑色管子就是自动喷灌装置的水管。
右：自动喷灌时的样子。

 要点 1
用自动喷灌装置解决缺水、高温的问题

种植槽较窄，因此土壤较少，一到夏天特别容易缺水。另外由于外墙反射阳光的关系，墙壁周围的温度非常高。因此安装了自动喷灌装置，用智能手机安装应用程序后，可以随时操控开关，十分方便。

要点 2
几乎无土的北面种植槽也能打造壮观的月季花墙

位于房子北面的种植槽深度仅10~20cm、宽度仅5cm。在这么有限的土壤里栽种小花型的'编织梦想'月季，靠里侧种植'Rosendorf Sparrieshoop'月季，并将它们都牵引到墙壁上。

月季在几乎没有什么土壤的北侧墙面居然也能开得如此壮观。'编织梦想'月季目前还是含苞待放的状态。

迷你花园
有效利用路旁的小空间

——［T府］

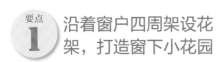

沿着窗户四周架设花架，打造窗下小花园

沿着窗户四周DIY了一个花架，还做了搁板，用于摆放盆栽植物和花园杂货。脚下用花园砖围起来。等月季长大以后，窗户四周就会被月季花围绕。

左：小花园里种着柔毛羽衣草、山绣球等植物。

上：利用铁艺部件设计组合了一个优雅别致的迷你花架。

将房子周围的死角空间打造成街边小花园

T君非常擅长利用房子周围的死角空间。如左页图片所示，这里原本是房子、围墙和道路隔出来的死角。T君在围墙上不均匀地涂抹灰浆，顶部装饰带有纹理的石材，地面铺贴不规则地砖，使原本黯淡的空间变身为明亮的街边小花园。

右边图片也是房子和道路以及另一侧围墙围出的死角。候车亭形状的小屋、令人瞩目的蓝色栅栏以及各种耐阴植物，组成了一个生机盎然的空间。

要点 ② 用候车亭形状的小屋弱化房子外墙的存在感

为了提亮半阴空间，铺设花园砖和地砖，并打造了一个候车亭形状的小屋。鲜亮的蓝色栅栏是这个空间的焦点。为使冬天也有绿意，在蓝色的栅栏上牵引生长强健的常绿蔷薇金樱子。

栽种耐半阴的山绣球、玉簪等植物。

蕾丝花和薰衣草组成楚楚可怜的可爱景致。

要点 ③ 在沿途的狭小空间内种植令人赏心悦目的开花植物

路旁有一块50cm高的覆土区域，本来是一个相对鸡肋的角落。种植上富有野趣的开花植物后，可令过往的路人欣赏到美丽的景色。小型月季花开放以后会更加华丽。

参差不齐的栏杆很有趣。